21世纪高等学校规划教材 | 计算机科学与技术

汇编语言程序设计

刘辉 王勇 徐建平 编著

清华大学出版社
北京

内容简介

本书通过大量例子详细生动地介绍了16位汇编语言的基本知识、程序结构及上机操作和调试步骤。在介绍程序结构时，融合了基本语句语法知识的介绍及相关指令的分析。

本书共7章，分别介绍汇编语言程序的结构形式、常用的各种伪指令和上机操作步骤、与汇编语言程序相关的硬件知识、汇编语言程序中用到的各种指令、程序的结构、子程序结构和参数的传递方法、宏汇编的知识等。

本书可作为高等院校计算机、软件工程专业及信息安全专业本科生、研究生的教材，也可为广大汇编爱好者及广大科技工作者和研究人员提供参考。

图书在版编目(CIP)数据

汇编语言程序设计/刘辉，王勇，徐建平编著. —北京：清华大学出版社，2014(2022.1重印)
(21世纪高等学校规划教材·计算机科学与技术)
ISBN 978-7-302-37525-8

Ⅰ. ①汇… Ⅱ. ①刘… ②王… ③徐… Ⅲ. ①汇编语言—程序设计 Ⅳ. ①TP313

中国版本图书馆CIP数据核字(2014)第170941号

责任编辑：刘向威　赵晓宁
封面设计：傅瑞学
责任校对：时翠兰
责任印制：宋　林

出版发行：清华大学出版社
网　　址：http://www.tup.com.cn，http://www.wqbook.com
地　　址：北京清华大学学研大厦A座　　**邮　　编**：100084
社 总 机：010-62770175　　**邮　　购**：010-62786544
投稿与读者服务：010-62776969，c-service@tup.tsinghua.edu.cn
质量反馈：010-62772015，zhiliang@tup.tsinghua.edu.cn
课件下载：http://www.tup.com.cn，010-62795954
印 装 者：北京建宏印刷有限公司
经　　销：全国新华书店
开　　本：185mm×260mm　　**印　　张**：11.75　　**字　　数**：283千字
版　　次：2014年10月第1版　　**印　　次**：2022年1月第8次印刷
印　　数：7001～7200
定　　价：29.00元

产品编号：059930-01

出版说明

随着我国改革开放的进一步深化，高等教育也得到了快速发展，各地高校紧密结合地方经济建设发展需要，科学运用市场调节机制，加大了使用信息科学等现代科学技术提升、改造传统学科专业的投入力度，通过教育改革合理调整和配置了教育资源，优化了传统学科专业，积极为地方经济建设输送人才，为我国经济社会的快速、健康和可持续发展以及高等教育自身的改革发展做出了巨大贡献。但是，高等教育质量还需要进一步提高以适应经济社会发展的需要，不少高校的专业设置和结构不尽合理，教师队伍整体素质亟待提高，人才培养模式、教学内容和方法需要进一步转变，学生的实践能力和创新精神亟待加强。

教育部一直十分重视高等教育质量工作。2007 年 1 月，教育部下发了《关于实施高等学校本科教学质量与教学改革工程的意见》，计划实施"高等学校本科教学质量与教学改革工程（简称'质量工程'）"，通过专业结构调整、课程教材建设、实践教学改革、教学团队建设等多项内容，进一步深化高等学校教学改革，提高人才培养的能力和水平，更好地满足经济社会发展对高素质人才的需要。在贯彻和落实教育部"质量工程"的过程中，各地高校发挥师资力量强、办学经验丰富、教学资源充裕等优势，对其特色专业及特色课程（群）加以规划、整理和总结，更新教学内容、改革课程体系，建设了一大批内容新、体系新、方法新、手段新的特色课程。在此基础上，经教育部相关教学指导委员会专家的指导和建议，清华大学出版社在多个领域精选各高校的特色课程，分别规划出版系列教材，以配合"质量工程"的实施，满足各高校教学质量和教学改革的需要。

为了深入贯彻落实教育部《关于加强高等学校本科教学工作，提高教学质量的若干意见》精神，紧密配合教育部已经启动的"高等学校教学质量与教学改革工程精品课程建设工作"，在有关专家、教授的倡议和有关部门的大力支持下，我们组织并成立了"清华大学出版社教材编审委员会"（以下简称"编委会"），旨在配合教育部制定精品课程教材的出版规划，讨论并实施精品课程教材的编写与出版工作。"编委会"成员皆来自全国各类高等学校教学与科研第一线的骨干教师，其中许多教师为各校相关院、系主管教学的院长或系主任。

按照教育部的要求，"编委会"一致认为，精品课程的建设工作从开始就要坚持高标准、严要求，处于一个比较高的起点上；精品课程教材应该能够反映各高校教学改革与课程建设的需要，要有特色风格、有创新性（新体系、新内容、新手段、新思路，教材的内容体系有较高的科学创新、技术创新和理念创新的含量）、先进性（对原有的学科体系有实质性的改革和发展，顺应并符合 21 世纪教学发展的规律，代表并引领课程发展的趋势和方向）、示范性（教材所体现的课程体系具有较广泛的辐射性和示范性）和一定的前瞻性。教材由个人申报或各校推荐（通过所在高校的"编委会"成员推荐），经"编委会"认真评审，最后由清华大学出版社审定出版。

目前，针对计算机类和电子信息类相关专业成立了两个“编委会”，即“清华大学出版社计算机教材编审委员会”和“清华大学出版社电子信息教材编审委员会”。推出的特色精品教材包括：

（1）21世纪高等学校规划教材·计算机应用——高等学校各类专业，特别是非计算机专业的计算机应用类教材。

（2）21世纪高等学校规划教材·计算机科学与技术——高等学校计算机相关专业的教材。

（3）21世纪高等学校规划教材·电子信息——高等学校电子信息相关专业的教材。

（4）21世纪高等学校规划教材·软件工程——高等学校软件工程相关专业的教材。

（5）21世纪高等学校规划教材·信息管理与信息系统。

（6）21世纪高等学校规划教材·财经管理与应用。

（7）21世纪高等学校规划教材·电子商务。

（8）21世纪高等学校规划教材·物联网。

清华大学出版社经过三十多年的努力，在教材尤其是计算机和电子信息类专业教材出版方面树立了权威品牌，为我国的高等教育事业做出了重要贡献。清华版教材形成了技术准确、内容严谨的独特风格，这种风格将延续并反映在特色精品教材的建设中。

清华大学出版社教材编审委员会

联系人：魏江江

E-mail：weijj@tup.tsinghua.edu.cn

前言

随着现代软件系统越来越庞大复杂，大量经过了封装的高级语言也应运而生。这些高级语言使软件开发人员在开发过程中能够快速、高效地进行编码，从而能够从复杂的编码中解放出来，而专注于程序逻辑的实现。汇编语言是面向机器指令的低级语言，由于其复杂性使得其适用领域逐步减小。那么是不是汇编语言已经无用武之地了呢？是不是我们就不需要学习这门语言了呢？答案是否定的。由于汇编更接近机器语言，能够直接对硬件进行操作，生成的程序与其他语言相比具有更高的运行速度，占用更小的内存空间，因此在一些对于时效性和执行效率要求很高的程序，以及许多大型程序的核心模块，尤其是工业控制中对硬件操作的底层代码，都还要求助于汇编语言。另外，由于高级语言最终都要翻译为机器语言才能被处理器执行，而汇编语言非常接近于机器语言，通过学习汇编语言，软件开发人员可以更清楚地理解能够被处理器执行的机器指令，这对于透彻掌握一门高级语言的底层逻辑也有很大的帮助。所以，各高等院校的计算机科学类专业仍把汇编语言作为学生的必修课，以让学生深入了解计算机的运行原理，为深入理解高级语言的编程打下坚实的基础。

汇编语言作为最接近硬件的计算机编程语言，它既有对硬件直接编程的便利，又有接近于人类自然语言的指令，所以学习汇编语言需要一定的硬件基础知识，严密的思维逻辑和良好的编程习惯。学习汇编语言的难点，在于很多指令的执行需要事先设置默认的寄存器参数。在学习时，要注重各种指令的执行要求，明确默认的参数设置，正确使用各条指令。

本书是编者经过多年的教学总结，把汇编语言的基础教学内容基于学生能快速掌握的原则进行了合理编排整理而成的。王勇编写第1章，徐建平编写第2和第7章，刘辉编写第3～第6章，全书由王勇负责审阅。在讲课安排上，可以把第3章的内容分散到第4～第6章中，结合例题讲解；上机实验操作，可以根据讲课内容安排相应的编程操作，刚开始时可以让学生调试书上的例题，让学生掌握上机操作的步骤；基本步骤熟练后让学生自己编程，具体题目可以参照每章的上机实验题目。

本书的配套资源有课程课件、习题答案和例题的源程序。例题源程序的编号，以ex开头，如例4.1的源程序为ex401.asm；习题中的编程题目的源程序，以test开头，如习题5.3，源程序为test53.asm；源程序和上机操作使用的编译软件在sourceasm文件夹中。使用中有任何建议和疑问，可与编者联系，Email：hlliuhui@sina.com。

目录

第1章 汇编语言程序基本知识

1.1 汇编语言程序的结构形式

计算机语言的发展经历了机器语言、汇编语言到高级语言的发展过程。机器语言是使用0和1书写的二进制代码，难于书写和纠错；汇编语言使用接近于人类的语言对计算机的硬件直接发号施令，让内部的各个部件直接进行各种运算；高级语言程序的书写更简单，但是各个函数之间的参数传递比较复杂，逻辑结构性强。

汇编语言程序的结构形式主要有简短模式定义和完整模式定义，程序的书写要用到各种伪操作，这些伪操作类似于高级语言里面的语句。

下面通过一个例子来介绍汇编语言和高级语言的区别。

【例 1-1】 编程实现C＝A＋B，并在屏幕上显示出结果。

算法分析：定义存放加数和被加数值的变量A，B；给A，B以确定的值；实现A＋B的操作并把结果存放在变量C中；输出运算结果。分别用高级语言C++和汇编语言编写的代码如下：

```
/* EX101A.CPP 编程实现 C = A + B,并在屏幕上显示出结果,用C++实现 */
#INCLUDE "STDAFX.H"
#INCLUDE "STDIO.H"
INT MAIN(INT ARGC,CHAR * ARGV[])                    /* 程序从主函数开始 */
    { INT  A,B,C;                                   /* 定义变量 */
    A = 1;                                          /* 直接给变量赋值 */
    B = 2;
    C = A + B;                                      /* 计算累加结果 */
    PRINTF("C = %D\N",C);                           /* 输出结果 */
    RETURN  0;
}
; EX101B.ASM 编程实现 C = A + B,并在屏幕上显示出结果,用汇编语言实现
DATA  SEGMENT                                       ;定义数据段
    A          DB    ?                              ;定义变量
    B          DB    ?
    C          DB    ?
    STRING     DB    'C = $ '
DATA    ENDS
```

```
CODE    SEGMENT                               ;定义代码段
MAIN    PROC FAR                              ;主程序从此开始
ASSUME CS:CODE,DS:DATA,ES:DATA
START:
        PUSH    DS
        SUB     AX,AX
        PUSH    AX
        MOV     AX,DATA
        MOV     DS,AX                         ;数据段的地址装入专用寄存器
        MOV     ES,AX
        MOV     A,1                           ;给变量赋值
        MOV     B,2
        MOV     AL,A
        ADD     AL,B                          ; A+B
        MOV     C,AL                          ;运算结果存入C变量中
        LEA     DX,STRING
        MOV     AH,09
        INT     21H                           ;输出字符串
        ADD     C,30H                         ;整数转化为字符,因为汇编输出都是字符
        MOV     DL,C
        MOV     AH,2                          ;输出DL中字符,这是21号中断的功能调用
        INT     21H
        MOV     DL,0AH                        ;输出换行符
        INT     21H
        MOV     DL,0DH                        ;输出回车符
        INT     21H
        RET
   MAIN         ENDP
CODE            ENDS
   END          START
```

汇编语言与高级语言的比较：

- 高级语言书写简单，不需知道硬件的详细操作过程，易于掌握。
- 汇编语言需要程序员定义变量的存放位置，直接对硬件进行编程，需要对硬件进行详细的设计，所以有一定的难度。

【例 1-2】 在屏幕上显示字符串“This is an assembly language program!”

题目分析：

(1) 字符串应存放在一个存储单元中，即放在一个变量中，这要在数据区中定义。

(2) 在代码段中，首先把程序中用到的各个段与相应的寄存器名对应起来，要用到 assume 伪操作。

(3) 调用 DOS 中断显示字符串，中断执行前先做显示的准备操作：数据段的地址存入 DS 寄存器；从数据区的存储单元中取出要显示的字符串的存放地址并存入 DX 寄存器；执行中断操作，显示 DS:DX 中的内容

汇编程序如下：

```
;EX102.ASM 用汇编语言输出一个字符串
DATA SEGMENT                          ;定义数据段
   STR DB 'this is an                 ;在STR存储单元中的字符串内容
```

```
assembly language
program! ','$',13,10
DATA ENDS                              ;定义代码段
CODE SEGMENT                           ;主程序从此开始
MAIN PROC FAR                          ;指派程序中实际定义的各个段与对应寄存器的联系
ASSUME CS:CODE,DS:DATA

START:                                 ;语句标号
  PUSH DS                              ;保护原有的数据段内容到堆栈段
  SUB AX,AX                            ;存储一个 0 值,表示新程序的数据开始存放
  PUSH AX
  MOV AX,DATA                          ;先把数据段的地址临时存入 AX 寄存器中
  MOV DS,AX                            ;再把地址存入数据段寄存器中

  LEA DX,STR                           ;取出要显示的字符串的偏移地址存入 DX 寄存器
  MOV AH,09H                           ;调用 DOS 中断,显示 DS:DX 中的内容
  INT 21H
EXIT:                                  ;主要功能执行完毕,返回 DOS 界面
  MOV AX,4C00H
  INT 21H
MAIN ENDP                              ;主程序到此结束
 CODE ENDS                             ;代码段到此结束
   END START                           ;汇编程序到此结束,与前面的 START 相对应
```

以上两个程序都是用汇编的完整模式定义各个段,下面用简短模式定义各个段。

【例 1-3】 求两个数中的最大值。

题目分析:

(1) 先在数据区中定义两个变量并赋值。

(2) 在程序中比较这两个变量的大小,把较大的值存放在存储单元 MAX 中。

程序如下:

```
; EX103.ASM 简短模式书写的程序
.MODEL TINY                            ;定义程序模型
.DATA                                  ;定义数据段
    X DB -8                            ;定义变量名称及具体数值
    Y DB 10
    MAX DB ?                           ;只分配存储空间,没有值
.CODE
STARTUP:                               ;语句标号
    MOV AX,@DATA                       ;预定义符@DATA可以取出数据段的段名
    MOV DS,AX
    MOV AL,X                           ;把 X 的值预存入 AX 寄存器的低 8 位 AL 中
    MOV CL,Y                           ;把 Y 的值预存入 CX 寄存器的低 8 位 CL 中
    CMP AL,CL                          ;比较 AL 和 CL 寄存器的数值大小
    JGE BIG                            ;如果 AL≥CL,则跳转到 BIG 标号处
                                       ;否则,即 AL<CL,顺序执行下述语句
    MOV MAX,CL                         ;把较大值 CL 存入 MAX 单元中
    JMP EXIT
  BIG:
    MOV MAX,AL                         ;把较大值 AL 存入 MAX 单元中
```

```
    EXIT:
     MOV AX,4C00H                                ;返回 DOS 界面
     INT 21H
  END  STARTUP
```

例 1-2 和例 1-3 分别用完整的段定义和简短模式的段定义，可以看出，具体的执行代码是一样的，区别就在于段定义的开始和结束部分不同。

通过上述例子，大致了解汇编语言程序的构成，了解程序的书写形式及常用的几个语句，后面详细介绍汇编程序的各种指令格式及使用方法。汇编程序由代码段、数据段等构成，这些都需要程序员明确指定。

1.2 汇编语言的各种伪指令

1.2.1 数据定义伪指令

数据定义伪指令的用途是定义一个变量的类型，给变量赋初值，或仅仅给变量分配存储单元，而不赋予特定的值。数据定义伪指令有 DB、DW、DD、DF、DQ、DT 等，而常用的是前三种。

数据定义伪指令的一般格式为：

[变量名] 伪指令定义符 操作数[,操作数…]

其中，方括号中的变量名为任选项，变量名后面不跟冒号。伪指令定义符后面的操作数不止一个。如有多个操作数，相互之间应该用逗号分开。

1. DB (Define Byte)

定义变量的类型为字节(Byte)，给变量分配字节或字节串。DB 伪指令定义符后面的操作数每个占有 1 字节。

2. DW (Define Word)

定义变量的类型为字(Word)。DW 伪指令定义符后面的操作数每个占有 1 个字，即 2 字节。在内存中存放时，低位字在前，高位字在后。

3. DD (Define Double Word)

定义变量的类型为双字(DWORD)。DD 后面的操作数每个占 2 个字，即 4 字节。在内存中存放时，低位字在前，高位字在后。

数据定义伪指令定义符后面的操作数可以是常数、表达式或字符串，但每项操作数的值不能超过由伪指令定义符所定义的数据类型限定的范围。例如，DB 伪指令定义数据的类型为字节，则其范围为无符号数 0～255；带符号数 −128～+127 等。字符串必须放在单引号中。另外，超过两个字符的字符串只能用 DB 伪指令定义。

【例 1-4】 数据定义伪操作的使用。

```
1 DATA  DB  1,2H       ;以 DATA 命名的存储单元中存入 1H、2H,每个数据占 1 字节
2 EXPR  DW  1,2        ;以 EXPR 命名的存储单元中存入 1 和 2,每个数据占一个字,即 2 字节
3 STR   DB  'WELCOM!'  ;以STR 命名的存储单元中存入字符串"WELCOM!",每个字符占 1 字节,字符从
                        左到右依次存储在地址增高的空间中,以字符的 ASCII 码值存储
4 S1    DW  'AB'       ;以 S1 命名的存储单元中存入字符 AB,A 存放在高字节,B 在低字节,如果一
                        个字的空间足够容纳两个字符,则存放在一个字中,所以共占 2 字节
5 S2    DD  'AB'       ;以 S2 命名的存储单元中存入字符 AB,如果一个双字的空间足够容纳两个
                        字符,则存放在一个双字中,所以共占 4 个字节,即存入 42H,41H,00,00
6 OFFAB DW  S1         ;存入变量 S1 的偏移地址
```

该例子中定义的变量在内存中的存储形式如表 1-1 所示。

表 1-1　数据在内存中的存储

存储单元名称	内存中的数据	内存的地址
⋮	⋮	
DATA	01	0100H
	02	0101H
EXPR	01	0102H
	00	0103H
	02	0104H
	00	0105H
STR	57	0106H
	45	0107H
	4c	0108H
	43	0109H
	4F	010AH
	4D	010BH
	21	010CH
S1	42	010DH
	41	010EH
S2	42	010FH
	41	0110H
	0	0111H
	0	0112H
OFFAB	0D	0113H
	01	0114H
⋮	⋮	⋮

以上第 1 和第 2 句中,分别将常数以字节或字的形式赋予一个变量;第 3 句的操作数是包含 8 个字符的字符串(只有 DB 伪指令才能用);在第 4 和第 5 句,注意伪指令 DW 和 DD 的区别,虽然操作数均为'AB'两个字符,但存入变量的内容各不相同,第 6 句的操作数是变量 S1,而不是字符串,此句将 S1 的 16 位偏移地址存入变量 OFFAB。

除了常数、表达式和字符串外,问号"?"也可以作为数据定义伪指令的操作数,此时仅给变量保留相应的存储单元,而不赋予变量某个确定的初值。

4. DUP

当同样的操作数重复多次时，可用重复操作符 DUP 表示，其形式为：

```
n DUP(初值[,初值,…])
```

其中，小括号中为重复的内容，n 为重复次数。如果用“n　DUP(?)”作为数据定义伪指令定义符的唯一操作数，则汇编程序产生一个相应的数据区，但不赋任何初值。重复操作符 DUP 可以嵌套。表 1-2 所示是用问号和 DUP 表示操作数的几个例子。

表 1-2　DUP 的使用

语　　句	说　　明
FILLER DB　?	给字节变量 FILLER 分配存储单元，但不赋予特定的值
BUFFER DB　10 DUP(?)	给变量 BUFFER 分配 10 字节的存储空间，但不赋任何初值
ZERO DW　30 DUP(0)	给变量 ZERO 分配一个数据区，共 30 个字(即 60 字节)，每个字的内容均为 0
MASK DB　5 DUP('OK!')	定义一个数据区，存储 5 个重复的字符串'OK!'
ARRAY DB　100 DUP(3 DUP(8),6)	将变量 ARRAY 定义为一个数据区，其中包含重复 100 次的内容：8,8,8,6，共占 400 个字节

通常把用 DUP 作为唯一操作数而定义的变量称为数组。

1.2.2　符号定义伪指令

符号定义伪指令的用途是给一个符号重新命名，或定义新的类型属性等。符号包括汇编语言的变量名、标号名、过程名、寄存器名以及指令助记符等。

常用的符号定义伪指令有 EQU、=(等号)和 LABLE。

1. EQU

格式：

```
名字　EQU　表达式
```

EQU 伪指令将表达式的值赋予一个名字，以后可用这个名字来代替上述表达式。格式中的表达式可以是一个常数、符号、数值表达式或地址表达式等。

例如：

```
CR  EQU    0DH              ; 常数
A   EQU    ASCII_TABLE      ; 变量
STR EQU    64 * 1024        ; 数值表达式
ADR EQU    ES:[BP + DI + 5] ; 地址表达式
CBD EQU    AAM              ; 指令助记符
```

利用 EQU 伪指令，可以用一个名字代表一个数值，或用一个较简短的名字来代替一个较长的名字。

如果源程序中需要多次引用某一表达式，则可以利用 EQU 伪指令定义符给其赋一个

名字,以代替程序中的表达式,从而使程序更加简洁,便于阅读。将来如果改变表达式的值,也只需修改一处,使程序易于维护。需要注意的是,EQU 伪指令不允许对同一符号重复定义。

2. =(等号)

格式:

名字 = 表达式

=(等号)伪指令的功能与 EQU 伪指令基本相同,主要区别在于它可以对同一个名字重复定义。

例如:

```
COUNT = 100
MOV   CX,COUNT     ; (CX)←100
COUNT = COUNT - 10
MOV   BX,COUNT     ; (BX)←90
```

3. LABLE

格式:

名字 LABLE 类型

LABLE 伪指令的用途是定义标号或变量的类型。变量的类型可以是 BYTE、WORD、DWORD 等;标号的类型可以是 NEAR 或 FAR。

利用 LABEL 伪指令可以使同一个数据区兼有 BYTE 和 WORD 两种属性,这样在以后的程序中可根据不同的需要分别以字节或字为单位存取其中的数据。

例如:

```
AREAW  LABEL  WORD        ; 变量 AREAW 的类型为 WORD
AREAB  DB 100  DUP(?)     ; 变量 AREAB 的类型为 BYTE
MOV    AREAW,AX           ; AX 送第 1 和第 2 字节中
MOV    AREAB[49],AL       ; AL 送第 50 字节中
```

LABEL 伪指令可以将一个属性已经定义为 NEAR 或后面跟有冒号(隐含属性为 NEAR)的标号再定义为 FAR。

例如:

```
AGAINF LABEL   FAR        ; 定义标号 AGAINF 的属性为 FAR
AGAIN: PUSH   AX          ; 定义标号 AGAIN 的属性为 NEAR
```

上面的过程既可以利用标号 AGAIN 在本段内被调用,也可以利用标号 AGAINF 被其他段调用。

1.2.3 段定义伪指令

段定义伪指令的用途是在汇编语言源程序中定义逻辑段。常用的段定义伪指令有 SEGMENT/ENDS 和 ASSUME 等。

1. SEGMENT/ENDS

格式：

```
段名  SEGMENT  [定位类型] [组合类型] ['类别']
          ⋮
段名  ENDS
```

SEGMENT 伪指令用于定义一个逻辑段，给逻辑段赋予一个段名，并以后面的任选项（定位类型、组合类型、'类别'）规定该逻辑段的其他特性。SEGMENT 伪指令位于一个逻辑段的开始部分，而 ENDS 伪指令则表示一个逻辑段的结束。在汇编语言源程序中，这两个伪指令定义符总是成对出现的，两者前面的段名必须一致。两个语句之间的部分即是该逻辑段的内容。例如，对于代码段，其中主要有指令及其他伪指令；对于数据段和附加段，主要有定义数据区的伪指令等。一个源程序中不同逻辑段的段名各不相同。

SEGMENT 伪指令后面还有三个任选项：定位类型、组合类型和'类别'。在上面的格式中，它们都放在方括号内，表示可有可无。如果有，三者的顺序必须符合格式中的规定。这些任选项是给汇编程序（MASM）和连接程序（LINK）的命令。

SEGMENT 伪指令后面的任选项告诉汇编程序和连接程序，如何确定段的边界，以及如何组合几个不同的段等。下面分别进行讨论。

1）定位（Align）类型

定位类型任选项告诉汇编程序如何确定逻辑段的边界在存储器中的位置。定位类型共有以下 4 种：

(1) BYTE （边界起始地址＝×××× ×××× ×××× ××××B）。

该类型表示逻辑段从一个字节的边界开始，即可以从任何地址开始。此时本段的起始地址可紧接在前一个段的后面。

(2) WORD （边界起始地址＝×××× ×××× ×××× ×××0B）。

该类型表示逻辑段从字的边界开始。2 字节为 1 个字，此时本段的起始地址必须是偶数。

(3) PARA （边界起始地址＝×××× ×××× ×××× 0000B）。

该类型表示逻辑段从一个节（Paragraph）的边界开始（一节等于 16 字节），即段的起始地址能被 16 整除。故本段的起始地址（十六进制）应为××××0H。如果省略定位类型任选项，则默认其为 PARA。

(4) PAGE （边界起始地址＝×××× ×××× 00000000B）。

该类型表示逻辑段从页边界开始（一页等于 256 字节），也即段的起始地址能被 256 整除。故本段的起始地址（十六进制）应为×××00H。

【例 1-5】 SEGMENT 伪指令定义符的定位类型应用举例。

```
STACK   SEGMENT STACK                ; STACK 段，定位类型缺省
  DB 100 DUP(?)                      ; 长度为 100 字节
STACK     ENDS                       ; STACK 段结束
DATA1   SEGMENT BYTE                 ; DATA1 段，定位类型 BYTE
STRING  DB 'THIS IS AN EXAMPLE!'     ; 长度为 19 字节
```

```
DATA1     ENDS                     ; DATA1 段结束
DATA2   SEGMENT WORD               ; DATA2 段,定位类型 WORD
  BUFFER   DW 40 DUP(0)            ; 长度为 40 个字,即 80 字节
DATA2     ENDS                     ; DATA2 段结束
CODE1   SEGMENT   PAGE             ; CODE1 段,定位类型 PAGE,假设 CODE2 段长度为 13 字节
          ⋮
CODE1   ENDS                       ; CODE1 段结束
CODE2   SEGMENT                    ; CODE2 段,定位类型缺省
START:     MOV AX,STACK
⋮
CODE2   ENDS                       ; CODE2 段结束
END     START                      ; 源程序结束
```

本例的源程序中共有 5 个逻辑段,它们的段名和定位类型分别如下:

```
STACK 段        PARA
DATA1 段        BYTE
DATA2 段        WORD
CODE1 段        PAGE
CODE2 段        PARA
```

2) 组合(Combine)类型

SEGMENT 伪指令的第二个任选项是组合类型,它告诉汇编程序当装入存储器时各个逻辑段如何进行组合。组合类型共有以下 6 种。

(1) 不组合。如果 SEGMENT 伪指令的组合类型任选项缺省,则汇编程序认为这个逻辑段是不组合的。也就是说,不同程序中的逻辑段,即使具有相同的段名,也分别作为不同的逻辑段装入内存,不进行组合。但是,对于组合类型任选项缺省的同名逻辑段,如果属于同一个程序模块,则被集中成为一个逻辑段。

(2) PUBLIC。连接时,对于不同程序模块中的逻辑段,只要具有相同的段名,就把这些段集中成为一个逻辑段装入内存。

(3) STACK。组合类型为 STACK 时,其含意与 PUBLIC 基本一样,即不同程序中的逻辑段,如果段名相同,则集中成为一个逻辑段。组合类型 STACK 仅限于作为堆栈区域的逻辑段使用,在执行程序中,堆栈指针 SP 设置在这个集以后的堆栈段(最终地址+1)处。

(4) COMMON。连接时,对于不同程序中的逻辑段,如果具有相同的段名,则都从同一个地址开始装入,因而各个逻辑段将发生重叠。最后,连接以后段的长度等于原来最长的逻辑段的长度,重叠部分的内容是最后一个逻辑段的内容。

(5) MEMORY。该类型表示当几个逻辑段连接时,本逻辑段定位在地址最高的地方。如果被连接的逻辑段中有多个段的组合类型都是 MEMORY,则汇编程序只将首先遇到的段作为 MEMORY 段,而其余的段均当作 COMMON 段处理。

(6) AT 表达式。这种组合类型表示本逻辑段根据表达式的值定位段地址。例如,AT 8A00H 表示本段的段地址为 8A00H,则本段从存储器的物理地址 8A000H 开始装入。

3) 类别(Class)

SEGMENT 伪指令的第三个任选项是“类别”,类别必须放在单引号内。“类别”的作用是在连接时决定各逻辑段的装入顺序。当几个程序模块进行连接时,其中具有相同类别名

的逻辑段被装入连续的内存区，类别名相同的逻辑段，按出现的先后顺序排列。没有类别名的逻辑段，与其他无类别名的逻辑段一起连续装入内存。

2. ASSUME

格式：

```
ASSUME  段寄存器名: 段名[,段寄存器名: 段名,…]
```

ASSUME 伪指令告诉汇编程序，将某一个段寄存器设置为存放某一个逻辑段的段地址，即明确指出源程序中的逻辑段与物理段之间的关系。当汇编程序汇编一个逻辑段时，即可利用相应的段寄存器寻址该逻辑段中的指令或数据。在一个源程序中，ASSUME 伪指令定义符应该放在可执行程序开始位置的前面。需要指出，ASSUME 伪指令只是通知汇编程序有关段寄存器与逻辑段的关系，并没有给段寄存器赋予实际的初值。

【例 1-6】 代码段的定义举例。

```
CODE      SEGMENT
    ASSUME CS: CODE,DS: DATA1,SS: STACK
    MOV     AX,DATA1
    MOV     DS,AX              ; 给 DS 赋值
    MOV     AX,STACK
    MOV     SS,AX              ; 给 SS 赋值
CODE     ENDS
```

1.2.4 地址计数器与对准伪操作

1. 地址计数器 $

在汇编程序对源程序汇编的过程中，使用地址计数器来保存当前正在汇编的指令的偏移地址。用户可以用 $ 来引用地址计数器的值。例如在数据段中有如下定义：

```
arr dw 1,2, $ +4,3,4, $ +4
```

则汇编后的存储单元如图 1-1 所示。

	⋮	
arr	01	0074
	00	0075
	02	0076
	00	0077
	7c	0078
	00	0079
	03	007a
	00	007b
	04	007c
	00	007d
	82	007e
	00	007f

图 1-1 地址计数器的使用

2. ORG 伪操作

ORG 伪操作用来设置当前地址计数器的值。例如，下述数据段的定义：

【例 1-7】 ORG 伪操作的使用举例。

```
DATA SEGMENT
    ORG 100H
    VAL DW 345BH   ;存储单元 VAL 在 DATA 段中的偏移地址从 100H 开始
DATA ENDS
```

3. EVEN 伪操作

EVEN 伪操作使下一个变量或指令开始于偶数地址。

【例 1-8】 EVEN 伪操作的使用举例。

```
DATA SEGMENT
   ⋮
   EVEN
   VAL DW 345BH   ;存储单元 VAL 在 DATA 段中的偏移地址从偶数地址开始
DATA ENDS
```

4. ALIGN 伪操作

ALIGN 伪操作使得双字的地址可以从 4 的边界开始。

1.2.5 操作数伪操作

1. 算术操作符

算数操作符有＋、－、*、/和 MOD。MOD 是指整除运算后取余数。

例如：

```
MOV DX,BLOCK + (6 - 1) * 2
```

2. 逻辑与移位操作符

逻辑操作符有 AND、OR、XOR、NOT，移位操作符有 SHL 和 SHR，详见第 3 章。

3. 关系操作符

关系操作符 EQ(相等)，NE(不等)，LT(小于)，GT(大于)，LE(小于或等于)，GE(大于或等于)。运算结果是逻辑值真或假。真用 0FFFFH 表示，假用 0 表示。

4. 数值回送操作符

这些操作符把一些特征值或存储器地址的一部分作为结果回送。

(1) TYPE：返回变量的字节数，如果变量为 DB 格式定义，则返回 1；若以 DW 定义，则返回 2；DD 为 4，DQ 为 8，DT 为 10。

例如，在数据段中定义如下：

```
ARR DW 1,2,3
```

在代码段中有指令

```
ADD  SI,TYPE  arr
```

则汇编程序将其汇编成

```
ADD  SI,2
```

(2) LENGTH：对于数据段中定义变量时使用DUP的情况，汇编程序回送分配给该变量的单元数，对于其他情况则回送1。

【例1-9】 定义S1 DW 100 DUP(?)。

指令"MOV CX,LENGTH S1"，汇编后成为"MOV CX,100"。

(3) SIZE：回送分配给变量的字节数，等于LENGTH和TYPE的乘积。

【例1-10】 定义S1 DW 100 DUP(?)。

指令"MOV CX,SIZE S1"，则汇编后成为"MOV CX,200"。

(4) OFFSET：回送变量或标号的偏移地址。

【例1-11】 指令"MOV BX,OFFSET S1,"汇编程序将变量S1在数据段中的偏移地址回送给指令，该指令将这个偏移地址装入BX寄存器。这条指令与指令"LEA BX,S1"是等价的。

(5) SEG：回送变量或标号的段地址。

【例1-12】 指令"MOV BX,SEG DATA "，把名字为DATA 段的段地址装入BX寄存器。

5. 属性操作符

1) PTR

格式为TYPE PTR EXPRE，用于建立一个符号地址，给已分配的存储地址赋予另一个属性，使该地址具有另一种属性。

【例1-13】 在数据段中定义A DB 1。

在代码段中有如下指令

```
MOV  AX,WORD PTR A
```

则汇编程序把变量A中的数据以字的形式装入AX寄存器。

2) 段跨越前缀

段跨越前缀用来指定段名称，在计算地址时使用指定的段地址和偏移地址而不是使用默认的段地址。

例如，指令"MOV AX,ES:[BX+SI]"，把附加段中偏移地址为BX+SI的存储单元中的数据放入AX寄存器。

1.2.6 过程定义伪指令

过程也就是子程序，所以过程定义伪指令也就是子程序定义伪指令。

格式：

```
过程名 PROC  [NEAR/FAR]
        ⋮
       RET
过程名 ENDP
```

其中，PROC伪指令定义一个过程(子程序)，赋予过程一个名字，并指出该过程的属性为NEAR或FAR。如果没有特别指明类型，则认为过程的类型是NEAR。伪指令ENDP标志过程的结束。上述两个伪指令前面的过程名必须一致，且成对出现。

当一个程序段被定义为过程后，程序中其他地方就可以用 CALL 指令调用这个过程。调用一个过程的格式为：

```
CALL  过程名
```

过程名实质上是过程入口的符号地址，它和标号一样，也有段、偏移量和类型三种属性。过程的类型属性可以是 NEAR 或 FAR。

一般来说，被定义为过程的程序段中应该有返回指令 RET，但不一定是最后一条指令，也可以有不止一条 RET 指令。执行 RET 指令后，控制返回到原来调用指令的下一条指令。

过程的定义和调用均可嵌套。

【例 1-14】 过程的定义和调用举例。

```
NAME1   PROC FAR
             ⋮
    CALL NAME2
          ⋮
    RET
    NAME2      PROC NEAR
          ⋮
        RET
    NANE2      ENDP
NAME1     ENDP
```

1.2.7 模块定义与连接伪指令

在编写规模比较大的汇编语言程序时，可以将整个程序划分成为几个独立的源程序（或称模块），然后将各个模块分别进行汇编，生成各自的目标程序，最后将它们连接成为一个完整的可执行程序。各个模块之间可以相互进行符号访问，也就是说，在一个模块中定义的符号可以被另一个模块引用。通常称这类符号为外部符号，而将那些在一个模块中定义，只在同一模块中引用的符号称为局部符号。

为了进行连接以及在这些将要连接在一起的模块之间实现互相的符号访问，以便进行变量传送，常常使用 NAME、END、PUBLIC 和 EXTRN 等伪指令。

1. NAME

NAME 伪指令用于给源程序汇编以后得到的目标程序指定一个模块名，连接时需要使用这个目标程序的模块名。其格式为：

```
NAME 模块名
```

NAME 的前面不允许再加上标号。例如，“BEGIN：NAME MODNAME”的表示方式是非法的。

如果程序中没有 NAME 伪指令，则汇编程序将 TITLE 伪指令（TITLE 属于列表伪指令）后面“标题名”中的前 6 个字符作为模块名。如果源程序中既没有使用 NAME，也没有使用 TITLE 伪指令，则汇编程序将源程序的文件名作为目标程序的模块名。

2. END

END 伪指令表示源程序到此结束，指示汇编程序停止汇编，对于 END 后面的语句不予理会。其格式为：

```
END [标号]
```

END 伪指令后面的标号表示程序执行的开始地址。END 伪指令将标号的段地址和偏移地址分别提供给 CS 和 IP 寄存器。方括号中的标号是任选项。如果有多个模块连接在一起，则只有主模块的 END 语句使用标号。

3. PUBLIC

PUBLIC 伪指令说明本模块中的某些符号是公共的，即这些符号可以提供给将被连接在一起的其他模块使用。其格式为：

```
PUBLIC 符号[,…]
```

其中的符号可以是本模块中定义的变量、标号或数值的名字，包括用 PROC 伪指令定义的过程名等。PUBLIC 伪指令可以安排在源程序的任何地方。

4. EXTRN

EXTRN 伪指令说明本模块中所用的某些符号是外部的，即这些符号在将被连接在一起的其他模块中定义（在定义这些符号的模块中还必须用 PUBLIC 伪指令说明）。其格式为：

```
EXTRN 名字：类型[,…]
```

其中的名字必须是其他模块中定义的符号；类型必须与定义这些符号的模块中的类型说明一致。如符号名称为变量，类型可以是 BYTE、WORD 或 DWORD 等；如符号名称为标号和过程，类型可以其为 NEAR 或 FAR；如果其为初值，类型可以是 ABS 等。

1.2.8 处理器选择伪指令

由于 80x86 的所有处理器都支持 8086/8088 指令系统，但每一种高档的机型又都增加一些新的指令，因此在编写程序时要对所用处理器有一个确定的选择。也就是说，要告诉汇编程序应该选择哪一种指令系统。这一组伪指令的功能就是做这件事的。此类伪指令主要有以下几种：

.8086：选择 8086 指令系统。

.286：选择 80286 指令系统。

.286P：选择保护方式下的 80286 指令系统。

.386：选择 80386 指令系统。

.386P：选择保护方式下的 80386 指令系统。

.486：选择 80486 指令系统。

.486P：选择保护方式下的 80486 指令系统。

.586：选择 Pentium 指令系统。

.586P：选择保护方式下的 Pentium 指令系统。

有关“选择保护方式下的××××指令系统”的含义是指包括特权指令在内的指令系统。此外，上述伪指令均支持相应的协处理器指令。

这类伪指令一般放在整个程序的最前面。如不给出，则汇编程序认为其默认值为.8086。它们也可放在程序中，如程序中使用了一条 80486 所增加的指令，则可在该指令的上一行加上.486。

1.3 MASM 的上机操作步骤

对于 16 位的汇编程序，使用经典的编译工具 MASM 5.0 比较方便。这款编译程序是 DOS 界面的操作，但是使用简单，不需安装。

先把 MASM 5.0 的执行文件复制到计算机上，在 Windows 自带的命令行方式下，输入文件名即可。MASM 5.0 共有 4 个可执行文件，分别为 EDIT、MASM、LINK、DEBUG，提供的功能分别为编辑源程序、编译源程序、连接生成可执行文件和调试程序。

1.3.1 上机操作步骤

1. 确定源程序的存放目录

建议源程序存放的目录名为 ASM(或 MASM)，并放在 C 盘或 D 盘的根目录下。如果没有创建过此目录，请用如下方法创建：

通过 Windows 的资源管理器找到 D 盘的根目录，在 D 盘的根目录窗口中右击，在弹出的快捷菜单中选择“新建”→“文件夹”命令，并把新建的文件夹命名为 ASM。

请把 MASM.EXE、LINK.EXE、DEBUG.EXE 和 TD.EXE 都复制到此目录中。

2. 建立 ASM 源程序

建立 ASM 源程序可以使用 EDIT 或 NotePad(记事本)文本编辑器。下面的例子说明了用 EDIT 文本编辑器来建立 ASM 源程序的步骤(假定要建立的源程序名为 HELLO.ASM)，用 NotePad(记事本)建立 ASM 源程序的步骤与此类似。

在 Windows 中，选择“开始”按钮→选择“运行”命令，在弹出的窗口中输入“EDIT.COMD:\ASM\HELLO.ASM”，屏幕上出现 EDIT 的编辑窗口，如图 1-2 所示。

窗口标题行显示了 EDIT 程序的完整路径名。紧接着标题行下面的是菜单行，窗口最下面一行是提示行。菜单可以用 Alt 键激活，然后用方向键选择菜单项，也可以直接按 Alt+F 键打开 File 文件菜单，按 Alt+E 键打开 Edit 编辑菜单等。

如果输入 EDIT 命令时已带上了源程序文件名(D:\ASM\HELLO.ASM)，在编辑窗口上部就会显示该文件名。如果在输入 EDIT 命令时未给出源程序文件名，则编辑窗口上会显示 UNTITLED1，表示文件还没有名字，在这种情况下保存源程序文件时，EDIT 会提示输入要保存的源程序的文件名。

编辑窗口用于输入源程序。EDIT 是一个全屏幕编辑程序，故可以使用方向键把光标

```
命令提示符 - EDIT HELLO.ASM
 File  Edit  Search  View  Options  Help
                    D:\ASM\HELLO.asm
data segment
  source_buffer db 40 dup('a')
data ends

extra segment
  dest_buffer   db 40 dup(?)
extra ends

code segment
main proc far
```

图 1-2 文本编辑器 EDIT 的编辑窗口

定位到编辑窗口中的任何一个位置上。EDIT 中的编辑键和功能键符合 Windows 的标准，这里不再赘述。

源程序输入完毕后，按 Alt+F 键打开 File 菜单，用其中的 Save 功能将文件存盘。如果在输入 EDIT 命令时未给出源程序文件名，则这时会弹出一个 Save as 窗口，在这个窗口中输入要保存的源程序的路径和文件名(本例中为 D:\ASM\HELLO. ASM)。

注意：汇编语言源程序文件的扩展名为 ASM，这样能给后面的汇编和连接操作带来很大的方便。

3. 用 MASM. EXE 汇编源程序产生 OBJ 目标文件

源文件 HELLO. ASM 建立后，要使用汇编程序对源程序文件汇编，汇编后产生二进制的目标文件(. OBJ 文件)。具体操作如下：

1) 在 Windows 中操作(不稳定，容易自动退出)

用资源管理器打开源程序目录 D:\ASM，把 HELLO. ASM 拖到 MASM. EXE 程序图标上。

2) 在 DOS 命令提示符窗口中操作

选择“开始”→“程序”→“附件”→“命令提示符”，打开 DOS 命令提示符窗口，然后用 CD 命令转到源程序目录下，接着输入 MASM 命令，具体命令为：

```
I:> D:<回车>
D:> CD   ASM<回车>
D:\ASM > MASM HELLO. ASM <回车>
```

操作时的屏幕显示如图 1-3 所示。

不管用以上两个方法中的哪个方法，进入 MASM 程序后，都会提示输入目标文件名(Object Filename)，并在方括号中显示默认的目标文件名，建议输入目标文件的完整路径名，如 D:\ASM\HELLO. OBJ。后面的两个提示为可选项，直接按 Enter 键。注意，若打开 MASM 程序时未给出源程序名，则 MASM 程序会首先提示让你输入源程序文件名(Source Filename)，此时输入源程序文件名 HELLO. ASM 并按 Enter 键，然后进行的操作与上面完全相同。

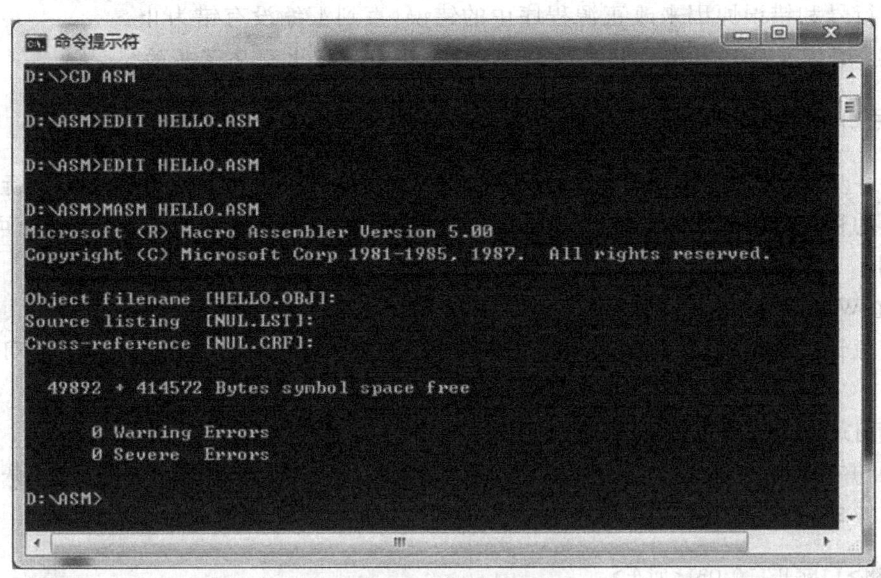

图 1-3　在 DOS 命令提示符窗口中进行汇编

如果没有错误，MASM 就会在当前目录下建立一个 HELLO.OBJ 文件（名字与源文件名相同，只是扩展名不同）。如果源文件有错误，MASM 会指出错误的行号和错误的原因。图 1-4 所示是在汇编过程中检查出一个错误的例子。在这个例子中，可以看到源程序的错误类型有两类：

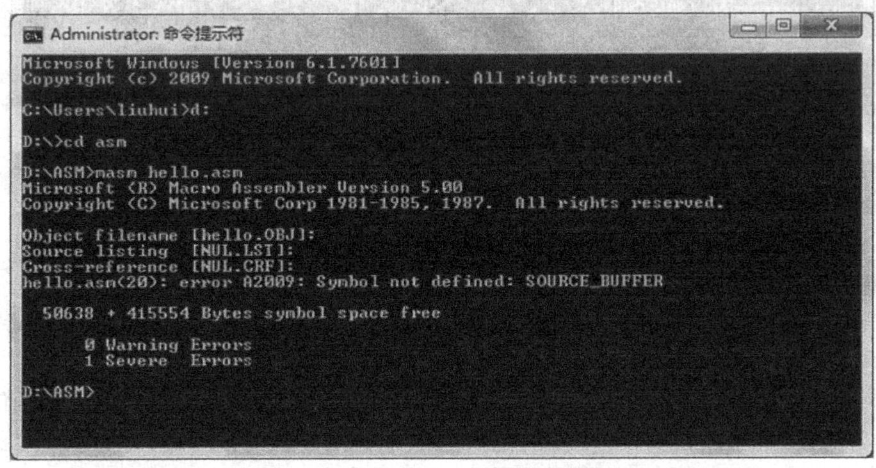

图 1-4　有错误的汇编过程例子

（1）警告错误（Warning Errors）：警告错误不影响程序的运行，但可能会得出错误的结果。此例中无警告错误。

（2）严重错误（Severe Errors）：对于严重错误，MASM 将无法生成 OBJ 文件。此例中有一个严重错误。

在错误信息中，括号里的数字为有错误的行号（在此例中，这个错误出现在第 20 行），后面给出了错误类型及具体错误原因。如果出现了严重错误，必须重新进入 EDIT 编辑器，根据错误的行号和错误原因来改正源程序中的错误，直到汇编没有错为止。

注意：汇编程序只能指出程序的语法错误，而无法指出程序逻辑的错误。

4. 用 LINK.EXE 产生 EXE 可执行文件

在上一步骤中，汇编程序产生的是二进制目标文件(OBJ 文件)，并不是可执行文件，要想使编制的程序能够运行，还必须用连接程序(LINK. EXE)把 OBJ 文件转换为可执行的 EXE 文件。具体操作如下：

1) 在 Windows 中操作

用资源管理器打开源程序目录的 D:\ASM，把 HELLO. OBJ 拖到 LINK. EXE 程序图标上。

2) 在 DOS 命令提示符窗口中操作

选择“开始”→“程序”→“附件”→“命令提示符”，打开 DOS 命令提示符窗口，然后用 CD 命令转到源程序目录下，接着输入 LINK 命令：

```
D:\ASM > LINK HELLO.OBJ <回车>
```

操作时的屏幕显示如图 1-5 所示。

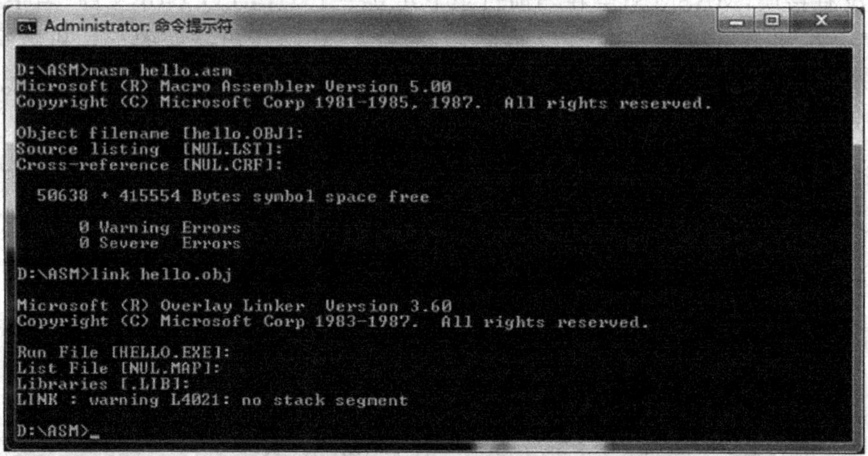

```
Administrator: 命令提示符

D:\ASM>masm hello.asm
Microsoft (R) Macro Assembler Version 5.00
Copyright (C) Microsoft Corp 1981-1985, 1987.  All rights reserved.

Object filename [hello.OBJ]:
Source listing  [NUL.LST]:
Cross-reference [NUL.CRF]:

  50638 + 415554 Bytes symbol space free

      0 Warning Errors
      0 Severe  Errors

D:\ASM>link hello.obj

Microsoft (R) Overlay Linker  Version 3.60
Copyright (C) Microsoft Corp 1983-1987.  All rights reserved.

Run File [HELLO.EXE]:
List File [NUL.MAP]:
Libraries [.LIB]:
LINK : warning L4021: no stack segment

D:\ASM>_
```

图 1-5 把 OBJ 文件连接成可执行文件

不管用以上两个方法中的哪个方法，进入 LINK 程序后，都会提示输入可执行文件名(Run File)，并在方括号中显示默认的可执行文件名，建议输入可执行文件的完整路径名，如 D:\ASM\HELLO. EXE。后面的两个提示为可选项，直接按 Enter 键。注意，若打开 LINK 程序时未给出 OBJ 文件名，则 LINK 程序会首先提示输入 OBJ 文件名，此时输入 OBJ 文件名 HELLO. OBJ 并按 Enter 键，然后进行的操作与上面完全相同。

如果没有错误，LINK 就会建立一个 HELLO. EXE 文件。如果 OBJ 文件有错误，LINK 会指出错误的原因。对于无堆栈警告(Warning: NO STACK segment)信息，可以不予理睬，它不影响程序的执行。如链接时有其他错误，则检查且修改源程序，重新汇编、连接，直到正确。

5. 执行程序

建立了 HELLO. EXE 文件后，就可以直接在 DOS 下运行此程序，如图 1-6 所示。

D: \ASM > HELLO. EXE <回车>

程序运行结束后，返回 DOS。如果运行结果正确，那么程序运行结束时结果会直接显示在屏幕上。如果程序不显示结果，如何知道程序是否正确呢？例如，这里的 HELLO . EXE 程序并未显示出结果，所以不知道程序执行的结果是否正确。这时，就要使用 TD. EXE 或 DEBUG. EXE 调试工具来查看运行结果。此外，大部分程序必须经过调试阶段才能纠正程序执行中的错误，调试程序时也要使用 TD. EXE 或 DEBUG. EXE。

```
Administrator: 命令提示符
Microsoft (R) Macro Assembler Version 5.00
Copyright (C) Microsoft Corp 1981-1985, 1987.  All rights reserved.

Object filename [hello.OBJ]:
Source listing  [NUL.LST]:
Cross-reference [NUL.CRF]:

  50638 + 415554 Bytes symbol space free

      0 Warning Errors
      0 Severe  Errors

D:\ASM>link hello.obj

Microsoft (R) Overlay Linker  Version 3.60
Copyright (C) Microsoft Corp 1983-1987.  All rights reserved.

Run File [HELLO.EXE]:
List File [NUL.MAP]:
Libraries [.LIB]:
LINK : warning L4021: no stack segment

D:\ASM>HELLO

D:\ASM>_
```

图 1-6 运行可执行文件

6. 调试过程

调试程序是为了找出程序中的错误。借助 DEBUG. EXE 工具不仅可以查看程序中寄存器中的数据，还可查错。在命令行方式下，输入 DEBUG，就可调用调试工具了，如图 1-7 和图 1-8 所示。

```
Administrator: 命令提示符 - debug hello.exe

D:\ASM>debug hello.exe
-u
13F1:0000 1E            PUSH    DS
13F1:0001 2BC0          SUB     AX,AX
13F1:0003 50            PUSH    AX
13F1:0004 B8EB13        MOV     AX,13EB
13F1:0007 8ED8          MOV     DS,AX
13F1:0009 B8EE13        MOV     AX,13EE
13F1:000C 8EC0          MOV     ES,AX
13F1:000E 8D360000      LEA     SI,[0000]
13F1:0012 BF0000        MOV     DI,0000
13F1:0015 FC            CLD
13F1:0016 B92800        MOV     CX,0028
13F1:0019 F3            REPZ
13F1:001A A4            MOVSB
13F1:001B CB            RETF
13F1:001C 0000          ADD     [BX+SI],AL
13F1:001E 0000          ADD     [BX+SI],AL
-g 0012

AX=13EE  BX=0000  CX=007C  DX=0000  SP=FFFC  BP=0000  SI=0000  DI=0000
DS=13EB  ES=13EE  SS=13EB  CS=13F1  IP=0012   NV UP EI PL ZR NA PE NC
13F1:0012 BF0000        MOV     DI,0000
-
```

图 1-7 调试命令 u 和 g

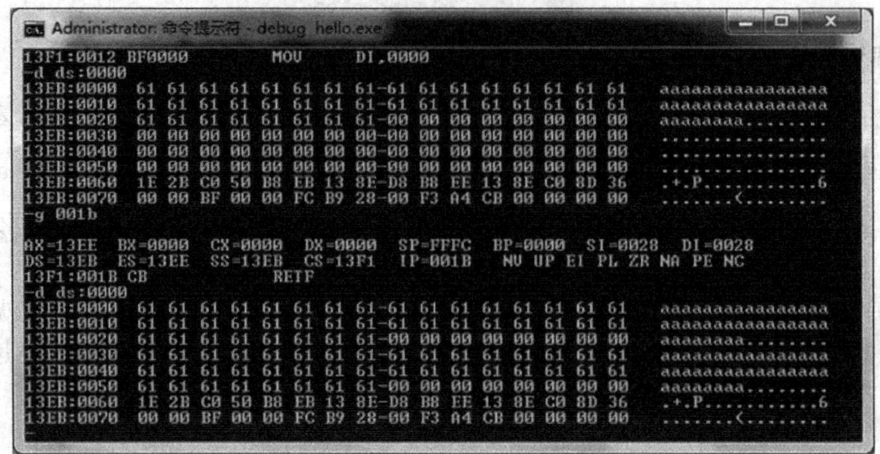

图 1-8 调试命令 g 和 d

1.3.2 常用的调试命令及功能

1. 汇编命令 A

其格式为：

```
-A[地址]
```

该命令从指定地址开始允许输入汇编语句，把它们汇编成机器代码相继存放在从指定地址开始的存储器中。

例如：

```
-A
136B:0100 MOV AX,100
136B:0103 MOV BX,200
136B:0106 MOV CX,300
136B:0109 MOV DX,400
136B:010C
-
```

2. 反汇编命令 U

它有两种格式：

1）格式 1

```
1-U[地址]
```

该命令从指定地址开始，反汇编 32 字节，若地址省略，则从上一个 U 命令的最后一条指令的下一个单元开始显示 32 字节。

例如：

```
-U
13C9:0000 1E            PUSH  DS
13C9:0001 2BC0          SUB   AX,AX
```

```
13C9:0003 50            PUSH  AX
13C9:0004 B8C313        MOV   AX,13C3
13C9:0007 8ED8          MOV   DS,AX
13C9:0009 B8C613        MOV   AX,13C6
13C9:000C 8EC0          MOV   ES,AX
13C9:000E 8D360000      LEA   SI,[0000]
13C9:0012 8D3E0000      LEA   DI,[0000]
13C9:0016 FC            CLD
13C9:0017 B92800        MOV   CX,0028
13C9:001A F3            REPZ
13C9:001B A4            MOVSB
13C9:001C CB            RETF
13C9:001D 0000          ADD   [BX+SI],AL
13C9:001F 0000          ADD   [BX+SI],AL
```

2）格式 2

2-U 范围

该命令对指定范围的内存单元进行反汇编。
例如：

```
-U 13C9:000E 001B
13C9:000E 8D360000      LEA     SI,[0000]
13C9:0012 8D3E0000      LEA     DI,[0000]
13C9:0016 FC            CLD
13C9:0017 B92800        MOV     CX,0028
13C9:001A F3            REPZ
13C9:001B A4            MOVSB
-
```

3. 运行命令 G

其格式为：

-G [=地址 1][地址 2[地址 3…]]

其中，地址 1 规定了运行起始地址，后面的若干地址均为断点地址。
例如：

```
-G 1C
AX=13C6  BX=0000  CX=0000  DX=0000  SP=FFFC  BP=0000  SI=0028  DI=0028
DS=13C3  ES=13C6  SS=13C3  CS=13C9  IP=001C   NV UP EI PL ZR NA PE NC
13C9:001C CB            RETF
-
```

4. 追踪命令 T

它有两种格式。
1）逐条指令追踪

-T[=地址]

该命令从指定地址起执行一条指令后停下来，显示寄存器内容和状态值。

例如：

```
-T
AX = 0000  BX = 0000  CX = 007D  DX = 0000  SP = FFFE  BP = 0000  SI = 0000  DI = 0000
DS = 13B3  ES = 13B3  SS = 13C3  CS = 13C9  IP = 0001   NV UP EI PL NZ NA PO NC
13C9:0001 2BC0          SUB    AX,AX
-
```

2）多条指令追踪

```
-T[=地址][值]
```

该命令从指定地址起执行 n 条命令后停下来，n 由[值]确定。

例如：

```
-T 3
AX = 0000  BX = 0000  CX = 007D  DX = 0000  SP = FFFE  BP = 0000  SI = 0000  DI = 0000
DS = 13B3  ES = 13B3  SS = 13C3  CS = 13C9  IP = 0001   NV UP EI PL NZ NA PO NC
13C9:0001 2BC0          SUB    AX,AX
AX = 0000  BX = 0000  CX = 007D  DX = 0000  SP = FFFE  BP = 0000  SI = 0000  DI = 0000
DS = 13B3  ES = 13B3  SS = 13C3  CS = 13C9  IP = 0003   NV UP EI PL ZR NA PE NC
13C9:0003 50            PUSH   AX
AX = 0000  BX = 0000  CX = 007D  DX = 0000  SP = FFFC  BP = 0000  SI = 0000  DI = 0000
DS = 13B3  ES = 13B3  SS = 13C3  CS = 13C9  IP = 0004   NV UP EI PL ZR NA PE NC
13C9:0004 B8C313        MOV    AX,13C3
```

5. 显示内存单元内容的命令 D

其格式为：

```
-D[地址]或-D[范围]
```

例如：

```
-D DS:0
 13C3:0000  61 61 61 61 61 61 61 61-61 61 61 61 61 61 61 61   aaaaaaaaaaaaaaaa
 13C3:0010  61 61 61 61 61 61 61 61-61 61 61 61 61 61 61 61   aaaaaaaaaaaaaaaa
 13C3:0020  61 61 61 61 61 61 61 61-00 00 00 00 00 00 00 00   aaaaaaaa........
 13C3:0030  61 61 61 61 61 61 61 61-61 61 61 61 61 61 61 61   aaaaaaaaaaaaaaaa
 13C3:0040  61 61 61 61 61 61 61 61-61 61 61 61 61 61 61 61   aaaaaaaaaaaaaaaa
 13C3:0050  61 61 61 61 61 61 61 61-00 00 00 00 00 00 00 00   aaaaaaaa........
 13C3:0060  1E 2B C0 50 B8 C3 13 8E-D8 B8 C6 13 8E C0 8D 36   .+.P...........6
 13C3:0070  00 00 8D 3E 00 00 FC B9-28 00 F3 A4 CB 00 00 00   ...>....(.......
-
```

6. 修改内存单元内容的命令 E

它有两种格式。

1）用给定的内容代替指定范围的单元内容

```
-E地址  内容表
```

例如：

```
-E 2000:0100  F3 "XYZ" 8D
```

其中，F3、"X"、"Y"、"Z"和 8D 各占一个字节，用这 5 个字节代替原内存单元 2000：0100～0104 的内容，"X"、"Y"、"Z"将分别按它们的 ASCII 码值代入。

2）逐个单元相继地修改

```
-E 地址
```

例如：

```
-E 100:
18E4: 0100 89.78
```

此命令是将原 100 号单元的内容 89 改为 78。78 是程序员输入的。

7. 检查和修改寄存器内容的命令 R

它有三种方式。

1）显示 CPU 内部所有寄存器内容和标志位状态

格式为：

```
-R
```

R 命令显示中标志位状态的含义如表 1-3 所示。

表 1-3　标志位的含义

标　志　名	置　位	复　位
溢出 Overflow(是/否)	OV	NV
方向 Direction(减量/增量)	DN	UP
中断 Interrupt(允许/屏蔽)	EI	DI
符号 Sign(负/正)	NG	PL
零 Zero(是/否)	ZR	NZ
辅助进位 Auxiliary Carry(是/否)	AC	NA
奇偶 Parity(偶/奇)	PE	PO
进位 Carry(是/否)	CY	NC

2）显示和修改某个指定寄存器内容

格式为：

```
-R 寄存器名
```

例如：

```
-R AX
```

系统将响应如下：

```
AX  FIF4
:
```

表示 AX 当前内容为 FIF4，此时若不对其作修改，可按 Enter 键；否则，输入修改后内容。例如：

```
-R BX
BX 0369
:059F
```

则 BX 内容由 0369 改为 059F。

3）显示和修改标志位状态

格式为：

```
-RF
```

系统将给出响应。例如：

```
OV DN EI NG ZR AC PE CY -
```

这时若不作修改可按 Enter 键，否则在“－”号之后输入修改值，输入顺序任意。例如：

```
OV DN EI NG ZR AC PE CY - PONZDINV
```

8. 命名命令 N

格式为：

```
-N 文件名
```

此命令将文件名格式化在“CS：5CH”的文件控制块内，以便使用 L 或 W 命令把文件装入内存进行调试或存盘。

9. 装入命令 L

它有两种功能。

1）把磁盘上指定扇区的内容装入到内存指定地址起始的单元中

格式为：

```
-L  地址  驱动器  扇区号  扇区数
```

2）装入指定文件

格式为：

```
-L [地址]
```

此命令装入已在“CS：5CH”中格式化的文件控制块所指定的文件。

在用 L 命令前，BX 和 CX 中应包含所读文件的字节数。

10. 写命令 W

有两种格式。

1）把数据写入磁盘的指定扇区

```
-W  地址  驱动器  扇区号  扇区数
```

2）把数据写入指定文件中

```
-W  [地址]
```

此命令把指定内存区域中的数据写入由“CS：5CH”处的 FCB 所规定的文件中。在用 W 命令前，BX 和 CX 中应包含要写入文件的字节数。

11. 退出 DEBUG 命令 Q

该命令格式为

```
-Q
```

它退出 DEBUG 程序，返回 DOS，但该命令本身并不把在内存中的文件存盘，如需存盘，应在执行 Q 命令前先执行写命令 W。

1.4　Windows 环境下 MASM32 的上机步骤

MASM32 并非是指 Microsoft 公司的 MASM 宏汇编器。MASM32 是一个由个人开发的包含了不同版本工具组成的汇编开发工具包。它的汇编编译器是 MASM6.0 以上版本中的 Ml.exe，资源编译器是 Microsoft Visual Studio 中的 Rc.exe，32 位链接器是 Microsoft Visual Studio 中的 Link.exe，同时包含有其他的一些如 Lib.exe 和 DumpPe.exe 等工具。该工具是由 Steve Hutchesson 开发的。

1. 输入源程序

使用菜单栏上的菜单 File→New 命令或快捷工具栏中的代表新建功能的图标，第一次需要输入文件名，注意要指定扩展名为 ASM，如本例中为 D:\MASM32\EXAMPLES\DIALOGS\CALENDER\CALENDER.ASM，如图 1-9 所示。

2. 汇编源程序

使用菜单栏上的菜单 Project→Assemblier ASM file 命令。这时，系统会打开 DOS 窗口运行相关的批处理文件。结束后会弹出名为\masm32\bin\asmbl.txt 的窗口报告结果。

若汇编成功，即程序没有语法错误，会显示如图 1-10 所示的信息；若汇编不成功，则显示信息如图 1-11 所示的信息，具体错误信息因错误而异。

3. 链接目标文件

使用菜单栏上的菜单 Project－＞Link OBJ file 命令。这时系统会打开 DOS 窗口运行相关的批处理文件，并弹出名为\masm32\bin\lnk.txt 的窗口报告结果，如图 1-12 所示。

4. 运行生成的可执行文件

使用菜单栏上的菜单 Project→Run program 命令。运行结果会显示在屏幕上，如果程

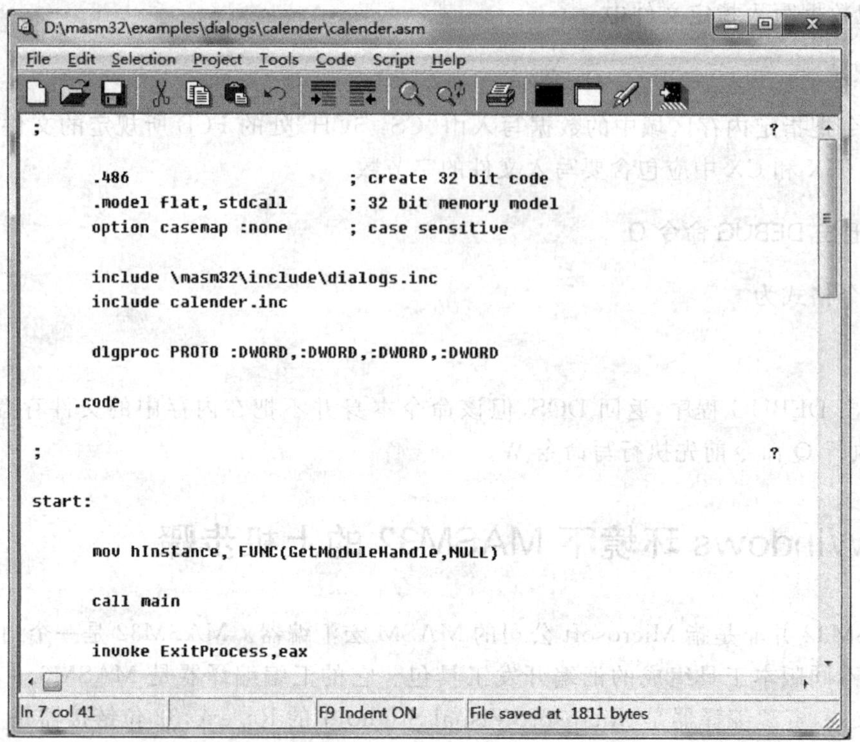

图 1-9　新建源程序

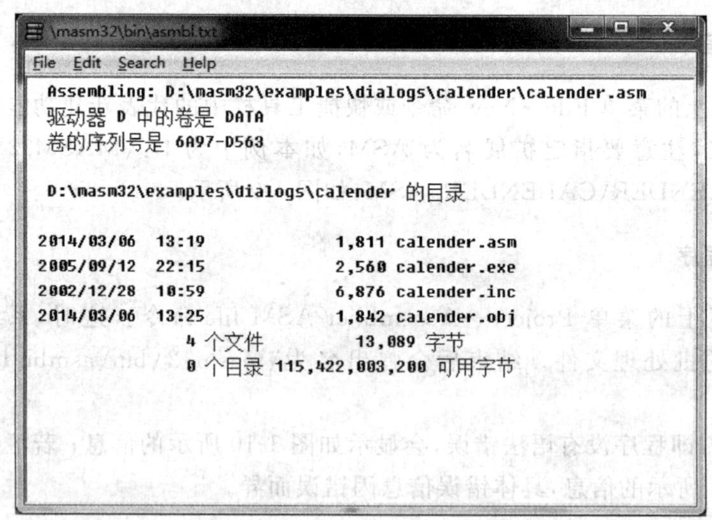

图 1-10　编译源程序

序使用了窗口，但运行时看不到窗口，很可能是已将窗口信息放在资源文件中，但资源文件尚未编译或编译没有成功。

需要注意的是，对源程序文件或资源文件修改后一定要先存盘，然后再进行后继操作，否则错误依旧。

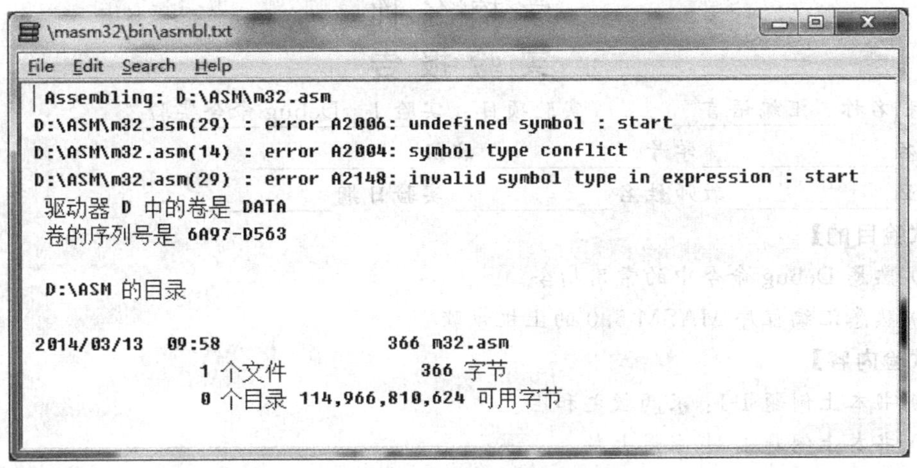

图 1-11　有错误的汇编信息

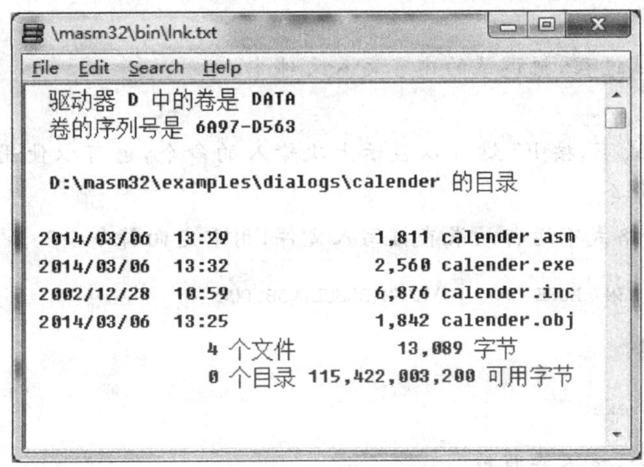

图 1-12　连接目标程序

上机实验 1：Debug 命令实验

【实验目的】

(1) 熟悉汇编程序 MASM 5.0 的上机步骤。

(2) 熟悉 Debug 程序中的常用指令。

【实验内容】

(1) 例 1-1：求两数之和。

(2) 例 1-3：求最大数。

【实验报告的书写】

可以参照下面的样式书写实验报告。

学校名称
实验报告

课程名称 汇编语言　　　　实验项目 实验1 Debug命令实验

姓名＿＿＿＿＿＿学号＿＿＿＿＿＿班级＿＿＿＿＿＿

专业＿＿＿＿＿＿教师姓名＿＿＿＿＿＿实验日期＿＿＿＿＿＿

【试验目的】

(1) 熟悉Debug命令中的常用指令。

(2) 熟悉汇编程序MASM 5.0的上机步骤。

【试验内容】

(1) 书本上例题1-1：求两数之和。

(2) 书本上例题1-3：求最大数。

【程序源代码】

只写代码段的主要部分。

【调试过程】

根据个人的调试过程，把调试的内容写入文件中。

备注：

DOS命令行格式下，按F5键可以显示上次输入的命令，也可以使用上下方向键，选择多个曾经操作过的命令。

把DOS命令行格式下运行结果直接写入文件，用重定向符命令>>实现。

```
D:\masm\MASM 58.ASM  MORE  >>  G:\MASM\RESULT\58.DOC
```

Debug启动指令

```
D:\masm\debug 58.exe
```

以下是参考部分，请不要照抄。

```
-U
0B6E:0000 1E              PUSH    DS
0B6E:0001 2BC0            SUB     AX,AX
0B6E:0003 50              PUSH    AX
0B6E:0004 B86A0B          MOV     AX,0B6A
0B6E:0007 8ED8            MOV     DS,AX
0B6E:0009 B86C0B          MOV     AX,0B6C
0B6E:000C 8EC0            MOV     ES,AX
0B6E:000E 8D360000        LEA     SI,[0000]
0B6E:0012 8D3E0000        LEA     DI,[0000]
0B6E:0016 FC              CLD
0B6E:0017 B91100          MOV     CX,0011
0B6E:001A F3              REPZ
0B6E:001B A4              MOVSB
0B6E:001C CB              RETF
0B6E:001D 8946F6          MOV     [BP-0A],AX
-Q
```

【实验心得体会】

习题 1

1-1　有如下的数据段定义，写出内存单元中的数据存放形式。

```
DATA SEGMENT
    ORG 100H
    VAL DW 345BH
    DATA_BYTE     DB   12,3AH
    DATA_WORD     DW   21, $ +5, -5
    DATA_DW       DD   3 * 8,04030201H
    MESSAGE       DW   'AB'
    DATA1         DB   1,2H
    EXPR          DW   1,2
    STR           DB   'WELCOM!'
    S1            DW   'AB'
    S2            DD   'AB'
    OFFAB         DW   S1
DATA ENDS
```

1-2　有符号定义语句如下，问 L 的值是多少？

```
BUF  DB  1,2,3,'123'
EBU  DB  0
L  EQU  EBU - BUF
```

1-3　有如下的数据定义，各条指令单独执行后，各寄存器的内容是什么？

```
A DB ?
B DW 30 DUP('B')
C DB 'ABCD'
(1) MOV AX,TYPE A
(2) MOV AX,TYPE B
(3) MOV CX,LENGTH B
(4) MOV DX,SIZE  B
(5) MOV CX,SIZE C
```

1-4　下列哪些指令需要添加 PTR 伪操作？

数据段定义如下：

```
ADT DB 10H,20H
BDT DW 1234H
(1) MOV AL,ADT
(2) MOV DL,[BX]
(3) SUB [BX],2
(4) MOV CL,BDT
(5) ADD AL,ADT+1
```

第2章 汇编语言中的硬件知识

通过第1章对汇编程序的认识,可知汇编指令需要直接使用一些寄存器,本章介绍汇编语言编程中用到的硬件知识,主要有寄存器、存储单元、存储单元的地址、地址的计算方法、程序中的地址表示方法等。

2.1 寄存器

寄存器是CPU内部重要的数据存储资源,是汇编程序员能直接使用的硬件资源之一。由于寄存器的存取速度比内存快,所以用汇编语言编写程序时,要尽可能充分利用寄存器的存储功能。

寄存器一般用来保存程序的中间结果,为随后的指令快速提供操作数,从而避免把中间结果存入内存再读取内存的操作。在高级语言(如C/C++语言)中,也定义变量为寄存器类型,这是提高寄存器利用率的一种可行方法。

另外,由于寄存器的个数和容量有限,不可能把所有中间结果都存储在寄存器中,所以要对寄存器进行适当的调度。根据指令的要求,如何安排适当的寄存器,避免操作数过多的传送操作是一项细致而又周密的工作。

由于16位/32位CPU是微机CPU的两个重要代表,所以在此只介绍它们内部寄存器的名称及其主要功能。

2.1.1 通用寄存器组

1. 数据寄存器

16位的数据寄存器有AX、BX、CX、DX;32位的数据寄存器有EAX、EBX、ECX、EDX。

- AX(Accumulator)或EAX:经常作为累加器使用,它是算术运算的主要寄存器。
- BX(Base)或EBX:作为通用寄存器使用;在计算存储器地址时,经常作为基址寄存器使用。
- CX(Count)或ECX:经常用来保存计数值。
- DX(Data)或EDX:经常用来存放双字操作数的高位字。

这4类寄存器可以以8位或16位为单位使用,也可以只用高8位AH或低8位AL。

2. 指针变址寄存器

16 位的有 SP、BP、SI、DI，32 位的有 ESP、EBP、ESI、EDI。

SP(Stack Pointer)是堆栈指针寄存器，BP(Base Pointer)是基址指针寄存器。它们可以和堆栈段寄存器 SS 联用以确定堆栈段中的某一存储单元的地址。SP 用来指示段顶的偏移地址，BP 可作为堆栈中的一个基地址以便访问堆栈中的信息。

SI(Source Index)是源变址寄存器，DI(Destination Index)是目的变址寄存器，它们一般与数据段寄存器 DS 联用，用来确定数据段中某一存储单元的地址。

32 位 CPU 除了包含先前 CPU 的所有寄存器，并把通用寄存器、指令指针和标志寄存器从 16 位扩充成 32 位之外，还增加了两个 16 位的段寄存器：FS 和 GS。

32 位 CPU 所含有的寄存器有 4 个数据寄存器(EAX、EBX、ECX 和 EDX)、两个变址和指针寄存器(ESI 和 EDI)、两个指针寄存器(ESP 和 EBP)、6 个段寄存器(ES、CS、SS、DS、FS 和 GS)、1 个指令指针寄存器(EIP)和 1 个标志寄存器(EFlags)。

2.1.2　段寄存器

段寄存器是一种专用寄存器，专门用于存储器寻址。16 位 CPU，有 CS(Code Segment)代码段寄存器，DS(Data Segment)数据段寄存器，ES(Extra Segment)附加的段寄存器，SS(Stack Segment)堆栈段寄存器。32 位的 CPU，除了上述的 4 个段寄存器外，另外增加了两个 FS 和 GS 段寄存器，它们都是附加的数据段寄存器。

代码段寄存器 CS 存放当前正在运行的程序；数据段寄存器 DS 存放当前正在运行的程序使用的数据；附加段寄存器 ES 是一个附加的数据段，存放程序中的数据。在串处理指令中，常用 DS 存放源操作数，ES 存放目的操作数。堆栈段寄存器 SS 定义堆栈在程序中的地址，堆栈是一种数据结构，里面的数据以后进先出的方式来访问。

2.1.3　标志和状态寄存器

有些指令的执行会改变标志位(如算术运算指令等)，不同的指令会影响不同的标志位，有些指令的执行不改变任何标志位(如 MOV 指令等)，有些指令的执行会受标志位的影响(如条件转移指令等)，也有些指令的执行不受其影响。具体的内容在第 3 章详细说明。

1. 运算结果标志位

1) 进位标志 CF(Carry Flag)

进位标志 CF 主要用来反映运算是否产生进位或借位。如果运算结果的最高位产生了一个进位或借位，那么其值为 1，否则其值为 0。

使用该标志位的情况有多字(字节)数的加减运算、无符号数的大小比较运算、移位操作、字(字节)之间移位、专门改变 CF 值的指令等。

2) 奇偶标志 PF(Parity Flag)

奇偶标志 PF 用于反映运算结果中 1 的个数的奇偶性。如果 1 的个数为偶数，则 PF 的值为 1，否则其值为 0。

利用PF可进行奇偶校验检查,或产生奇偶校验位。在数据传送过程中,为了提供传送的可靠性,如果采用奇偶校验的方法,就可使用该标志位。

3) 辅助进位标志 AF(Auxiliary Carry Flag)

在发生下列情况时,辅助进位标志AF的值被置为1,否则其值为0:

(1) 在字操作时,发生低字节向高字节进位或借位时。

(2) 在字节操作时,发生低4位向高4位进位或借位时。

对以上6个运算结果标志位,在一般编程情况下,标志位CF、ZF、SF和OF的使用频率较高,而标志位PF和AF的使用频率较低。

4) 零标志 ZF(Zero Flag)

零标志ZF用来反映运算结果是否为0。如果运算结果为0,则其值为1,否则其值为0。在判断运算结果是否为0时,可使用此标志位。

5) 符号标志 SF(Sign Flag)

符号标志SF用来反映运算结果的符号位,与运算结果的最高位相同。在微机系统中,有符号数采用补码表示法,所以SF也就反映运算结果的正负号。运算结果为正数时,SF的值为0,否则其值为1。

6) 溢出标志 OF(Overflow Flag)

溢出标志OF用于反映有符号数加减运算所得结果是否溢出。如果运算结果超过当前运算位数所能表示的范围,则称为溢出,OF的值被置为1;否则,OF的值被清为0。

2. 状态控制标志位

状态控制标志位用来控制CPU操作,它们要通过专门的指令才能使之发生改变。

1) 追踪标志 TF(Trap Flag)

当追踪标志TF被置为1时,CPU进入单步执行方式,即每执行一条指令,产生一个单步中断请求。这种方式主要用于程序的调试。

指令系统中没有专门的指令来改变标志位TF的值,但程序员可用其他办法来改变其值。

2) 中断允许标志 IF(Interrupt-enable Flag)

中断允许标志IF用来决定CPU是否响应CPU外部可屏蔽中断发出的中断请求。但不管该标志为何值,CPU都必须响应CPU外部不可屏蔽中断所发出的中断请求,以及CPU内部产生的中断请求。具体规定如下:

(1) 当IF=1时,CPU可以响应CPU外部可屏蔽中断发出的中断请求。

(2) 当IF=0时,CPU不响应CPU外部可屏蔽中断发出的中断请求。

CPU的指令系统中也有专门的指令来改变标志位IF的值。

3) 方向标志 DF(Direction Flag)

方向标志DF用来决定在串操作指令执行时有关指针寄存器发生调整的方向,具体规定在字符串操作指令中给出。

3. 32位标志寄存器增加的标志位

1) I/O特权标志 IOPL(I/O Privilege Level)

I/O特权标志用两位二进制位来表示,也称为I/O特权级字段。该字段指定了要求执行 I/O 指令的特权级。如果当前的特权级别在数值上小于等于 IOPL 的值，那么该 I/O 指令可执行，否则将发生一个保护异常。

2) 嵌套任务标志 NT(Nested Task)

嵌套任务标志 NT 用来控制中断返回指令 IRET 的执行。具体规定如下：

(1) 当 NT=0，用堆栈中保存的值恢复 EFLAGS、CS 和 EIP，执行常规的中断返回操作。

(2) 当 NT=1，通过任务转换实现中断返回。

3) 重启动标志 RF(Restart Flag)

重启动标志 RF 用来控制是否接受调试故障。按照规定：RF=0 时，表示"接受"调试故障；否则拒绝。在成功执行完一条指令后，处理机把 RF 置为 0，当接受到一个非调试故障时，处理机就把它置为 1。

4) 虚拟 8086 方式标志 VM(Virtual 8086 Mode)

如果该标志的值为 1，则表示处理机处于虚拟的 8086 方式下的工作状态；否则，处理机处于一般保护方式下的工作状态。

2.2 存储单元

存储单元就是数据在内存中的存放空间。在用汇编语言编写程序时，把变量存放在存储单元中；在程序运行期间，再把这些变量的值从存储单元取出存放在内存单元或寄存器中。在编写程序时定义和使用存储单元，是本节的重点内容。

2.2.1 存储单元的地址

计算机的内存单元是以"字节"为最小单位进行线性编址的。每一个内存单元在这个空间中都有唯一的地址，这个唯一的地址称为物理地址。存储单元的物理地址是一个无符号的二进制数。但为了书写的简化，物理地址通常用十六进制来表示。

16 位 CPU 内部有 20 根地址线，其编码区间为 00000H～0FFFFFH，所以它可直接访问的物理空间为 1M(B)。16 位 CPU 内部存放存储单元偏移量的寄存器(如 IP、SP、BP、SI、DI 和 BX 等)都是 16 位，它们的编码范围仅为 0000H～0FFFFH，可以访问的内存空间为 2^{16}B=$2^{10}\times 2^{6}$B=64KB。这样，如果用 16 位寄存器来访问内存，则只能访问内存的最低端的 64KB，其他的内存将无法访问。为了能用 16 位寄存器来有效地访问 1MB 的存储空间，16 位 CPU 采用了内存分段的管理模式，并引用段寄存器的概念，在编程时使用逻辑地址表示存储单元的地址，具体的表示形式是"段地址：偏移地址"。

16 位微机把内存空间划分成若干个逻辑段，每个逻辑段的要求：逻辑段的起始地址(通常简称为段地址)必须是 16 的倍数，即最低 4 位二进制必须全为 0；逻辑段的最大容量为 64KB，这由 16 位寄存器的寻址空间所决定。

按上述规定，1MB 内存最多可分成 65 536 个段(段之间相互重叠)，至少可分成 16 个相互不重叠的段。表 2-1 显示了一个逻辑段的地址分配。

表 2-1 逻辑段示例

段起始地址	最大地址
00000 H	0000F H
00010 H	0001F H
00020 H	0002F H
00030 H	0003F H
⋮	⋮
FFFF0 H	FFFFF H

2.2.2 物理地址和逻辑地址的关系

物理地址是存储单元在计算机内部的具体地址，用十六进制数表示；逻辑地址是为了编程方便而给各个存储单元的地址值，逻辑地址以“段地址：偏移地址”的形式表示。两者的关系为

$$物理地址=16\times段地址+偏移地址$$

用十六进制表示就是段地址左移 4 位，即在最右边补 1 个十六进制的 0 即 4 个二进制的 0。

16 位段地址 0000
+ 16 位偏移地址

20 位物理地址

【例 2-1】 (DS)＝2100H，(BX)＝0500H

段地址 DS 的值左移 4 位，即十六进制表示的数据最右边补一个 0。

(PA)＝21000H＋0500H＝21500H

【例 2-2】 举例说明“段地址＋偏移地址＝物理地址”的意义。

以学校的教室编号为例，假设全校有 6 个教学楼，其中南 2 教有 4 层楼，每层有 9 个教室，每个教室的座位数不同。

如果没有教室编号，不分楼层，只显示座位号的编号，如“汇编语言”课程在第 2010～2090 号座位上上课，那么在全校的范围内找到该位置很不方便。但是，如果把教学楼分类，教室有编号，“汇编语言”课程在南 2207 教室上课，它表示在南 2 教第二层的 207 教室，查找教室就很方便。找到了教室，在教室内部，偏离讲台第 i 排的位置可以很容易地找到。

南 2207 教室就是学校这个存储单元中的一个段地址，这个教室中每个座位号就是偏移地址，该存储单元中的内容是学生，这个教室的每个座位在不同的时刻有不同的同学。

在内存单元中的情况类似，现在的内存是以 GB 计的，以 1GB 的内存为例，内部的空间可以存放 1GB 的内容，这些内容的存放位置若以物理地址表示，如在 200A0H 的地方存放着数据 A，在 1GB 的空间中找到 200A0H 这个位置并不直观。但是，若以逻辑地址的形式表示，如在段地址为 2000H 的段内，偏移段的起始地址 0A0H 的存储单元，很容易找到这个逻辑段，有了这个逻辑段地址，计算机可以很方便地计算物理地址从而找到所需的数据。

为了找到每个存储单元的内容，必须知道该存储单元的地址，就像要找某同学，可以通过他所在的教室编号（段地址）和他所在的座位号（偏移地址）来实现。

【例 2-3】 举例说明“段地址×16＋偏移地址＝物理地址”的意义。

幼儿很小的时候只会数 1～10。如果给他 15 个糖，那么他会说我有 10 个糖和 5 个糖；但是大人知道把 10 和 5 累加起来，构成 15。16 位的寄存器就是幼儿，只有 16 位数据的记录能力，20 位的地址线就是大人，可以表示更大的数据。用 16 位的空间来表示 20 位的数据，需要通过计算完成，所以用两个 16 位的数据表示一个 20 位的数据。

2.2.3 存储单元的定义和使用

汇编语言里的存储单元，类似于高级语言里面的变量，使用之前必须先定义。

【例 2-4】 在数据段中定义存储单元。

```
DATA SEGMENT          ;X 就是存储单元的名称，里面存储了字数据，共有 3 个数据，每个数据占一个字
                      ;即 2 个字节的空间 X 类似于高级语言里的数组名称，它代表第一个元素的地址
  X DW 2,16,0A7H
  Y DB 'ABCD'         ;存储单元 Y 里面存储了一个字符串，每个字符占据一个字节的空间
DATA ENDS
```

这两个存储单元的物理存储形式如表 2-2 所示。

表 2-2　存储单元的物理地址和内容

内　　容	地　　址
02	20000H
00	20001H
10	20002H
00	20003H
a7	20004H
00	20005H
61A	20006H
62B	20007H
63C	20008H
64D	20009H

在数据段中定义了存储单元，在代码段中就可以使用了，先取出存储单元所在段的段地址，再找出偏移地址，就可以确定一个唯一的存储单元，从而可以取出里面存放的数据，代码如下

```
MOV AX,DATA
MOV DS,AX             ;取出段地址，存放在数据段寄存器中
MOV SI,OFFSET X       ;取出偏移地址
MOV AX,[SI]           ;取出该地址中的数据放入 AX 寄存器
ADD SI,2
…
```

习题 2

2-1　把一个 8 位的数据存入 AX 寄存器，如果只用 8 位的寄存器来表示，可以有几种表示方法？如果放入 CX 寄存器，有几种表示方法？

2-2　写出下列指令的物理地址，假设数据段 DS 的地址为 3000H，变量 VAL 的值为 0100，BX 寄存器的值为 1000H。

(1) MOV AX,[2000]

(2) MOV AX,BX

(3) MOV AX,VAL

2-3　有如下的数据段定义，假设段地址为 13EB，偏移地址从 0 开始，写出存储单元的地址和内容。

```
A    DB    19,2Ah
B    DW    2 * 8 + 7
S1   DB    'ABCD!'
S2   DB    '1234'
```

第3章 80x86指令系统

3.1 指令格式

计算机是通过执行指令序列来解决问题的，因而每种计算机都有一组指令集供用户使用，这组指令集称为计算机的指令系统。指令由操作码和操作数构成，操作码说明指令的功能，用指令助记符表示；操作数由各种不同的寻址方式提供。汇编语言的指令格式如下：

```
指令助记符[操作数1[,操作数2[,操作数3]]]  [;注释]
```

指令助记符体现该指令的功能，对应一条二进制编码的机器指令。指令的操作数个数由该指令来确定，可以没有操作数，也可以有一个、二个或三个操作数。绝大多数指令的操作数要显式的写出来，但也有指令的操作数是隐含的，不需要在指令中写出。

当指令含有操作数，并要求在指令中显式地写出来时，在书写时必须遵守以下原则：

- 指令助记符和操作数之间要有分隔符，分隔符可以是若干个空格或 TAB 键；
- 如果指令含有多个操作数，那么操作数之间要用英文的逗号“,”分开；
- 指令后面还可以书写注释内容，注释语句以分号“;”开始。

3.2 寻址方式

操作数是指令或程序的主要处理对象。如果某条指令或某个程序不处理任何操作数，那么该指令或程序不可能有数据处理功能。在 CPU 的指令系统中，除 NOP(空操作指令)、HLT(停机指令)等少数指令之外，大量的指令在执行过程中都会涉及操作数。所以，在指令中如何表达操作数或操作数所在位置就是正确运用汇编指令的一个重要因素。

在指令中，计算操作数或操作数存放位置的方法称为寻址方式。操作数的各种寻址方式是用汇编语言进行程序设计的基础，也是本课程学习的重点之一。

80x86 系列中，8086 和 80286 的字长是 16 位，一般只处理 8 位和 16 位数，只在乘除指令中才会有 32 位数；80386 及其后续机型的字长为 32 位，因此可以处理 8 位、16 位外，还可以处理 32 位操作数，在乘除指令中还可以产生 64 位数。在本书后面的讲述中，如果处理的是 32 位数，则适用于 80386 及其后续机型。

80x86 系统有 7 种基本的寻址方式：立即寻址方式、寄存器寻址方式、直接寻址方式、寄存器间接寻址方式、寄存器相对寻址方式、基址加变址寻址方式、相对基址加变址寻址方式。其中，后 5 种寻址方式是确定内存单元有效地址的 5 种不同的计算方法，可方便地实现对数组元素的访问。

另外，在 32 位微机系统中，为了扩大对存储单元的寻址能力，增加了一种新的寻址方式——32 位地址的寻址方式。

为了表达方便，这里用符号(X)表示 X 的值，如(AX)表示寄存器 AX 的值。

3.2.1 立即寻址方式

操作数作为指令的一部分直接写在指令中，这种操作数称为立即数，也即高级语言里面的常量。这种寻址方式称为立即数寻址方式。

立即数可以是 8 位、16 位或 32 位，该数值紧跟在操作码之后。如果立即数为 16 位或 32 位，那么，它将按"高高低低"的原则进行存储。

【例 3-1】 立即数寻址举例。

```
MOV AH,80H          ; 指令执行后(AH) = 80H
ADD AX,1234H        ; 假定指令执行前(AX) = 0014H,则执行后(AX) = 0014H + 1234H = 1248H
MOV ECX,123456H     ; 假定指令执行前(ECX) = A0014H,则执行后(ECX) = A0014H + 123456H  = 1C346AH
MOV B1,12H          ; 把立即数 12H 送到名称为 B1 的字节存储单元中
MOV W1,3456H        ; 把立即数 3456H 送到名称为 W1 的字存储单元中
```

各指令执行情况的对比如表 3-1 所示。

表 3-1 立即数寻址方式

指令执行前各寄存器内容	执行的指令	指令执行后相关寄存器的内容(16 进制表示)
AX:1234H	MOV AH,80H	AX:8034H
AX:0014H	ADD AX,1234H	(AX)=0014H+1234H=1248H
ECX:A0014H	MOV ECX,123456H	(ECXX)=A0014H+123456H=1C346AH
	MOV B1,12H	把立即数 12H 送到名称为 B1 的字节存储单元中
	MOV W1,3456H	把立即数 3456H 送到名称为 W1 的字存储单元中

以上指令中的第二操作数都是立即数，在汇编语言中，规定立即数不能作为指令中的第一操作数。该规定与高级语言中"赋值语句的左边不能是常量"的规定是一致的。

立即数寻址方式通常用于对通用寄存器或内存单元赋初值。图 3-1 所示是指令"MOV AX,4576H"存储形式和执行示意图。

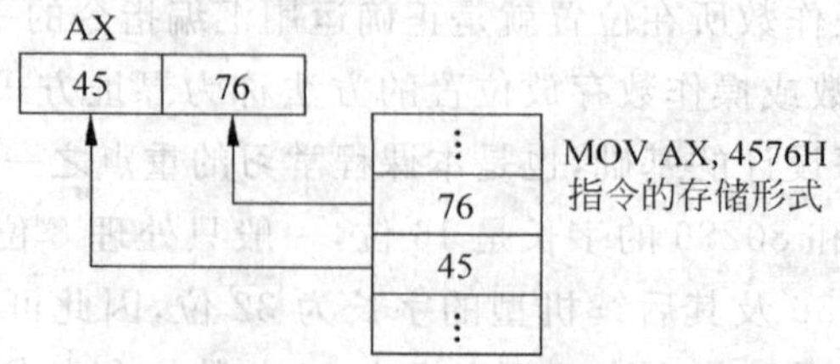

图 3-1 立即数寻址的存储和执行

3.2.2 寄存器寻址方式

寄存器寻址方式是指令所要的操作数已存储在某寄存器中,或把目标操作数存入寄存器。指令中可以引用的寄存器及其符号名称如下:

8 位寄存器有 AH、AL、BH、BL、CH、CL、DH 和 DL 等。

16 位寄存器有 AX、BX、CX、DX、SI、DI、SP、BP 和段寄存器等。

32 位寄存器有 EAX、EBX、ECX、EDX、ESI、EDI、ESP 和 EBP 等。

寄存器寻址方式是一种简单快捷的寻址方式,源和目的操作数都可以是寄存器。

1. 源操作数是寄存器寻址方式

例如:

```
ADD VARD,EAX
ADD VARW,AX
MOV VARB,BH
```

其中,VARD、VARW 和 VARB 是双字、字和字节类型的内存变量。在第 4 章将会学到如何定义它们。

2. 目的操作数是寄存器寻址方式

例如:

```
ADD BH,78H
ADD AX,1234H
MOV EBX,12345678H
```

3. 源和目的操作数都是寄存器寻址方式

例如:

```
MOV EAX,EBX
MOV AX,BX
MOV DH,BL
```

由于指令所需的操作数已存储在寄存器中,或把操作的结果存入寄存器,这样在指令执行过程中会减少读写存储器单元的次数,所以使用寄存器寻址方式的指令具有较快的执行速度。通常情况下,提倡在编写汇编语言程序时,应尽可能地使用寄存器寻址方式,但也不要把它绝对化。

3.2.3 直接寻址方式

指令所要的操作数存放在内存中,在指令中直接给出该操作数的有效地址,这种寻址方式为直接寻址方式。

在通常情况下,操作数存放在数据段中,所以其物理地址将由数据段寄存器 DS 和指令中给出的有效地址直接形成,但如果使用段超越前缀,那么操作数可存放在其他段。

【例 3-2】 假设有指令“MOV BX,[1234H]”,在执行时,(DS)=2000H,内存单元21234H 的值为 5D2AH。问该指令执行后,BX 的值是什么?

根据直接寻址方式的寻址规则,把该指令的具体执行过程用图 3-2 来表示。

从图 3-2 中,可看出执行该指令要分三步。

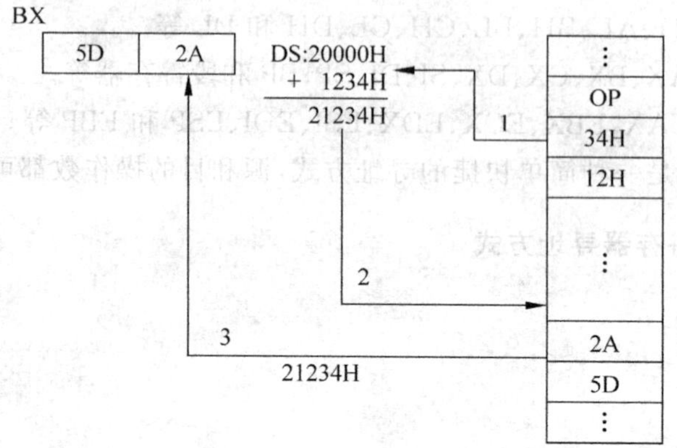

图 3-2 直接寻址的存储和执行

(1) 由于 1234H 是一个直接地址,它紧跟在指令的操作码之后,随取指令而被读出。

(2) 访问数据段的段寄存器是 DS,用 DS 的值和偏移量 1234H 相加,得存储单元的物理地址为 21234H。

(3) 取单元 21234H 的值 5D2AH,并按“高高低低”的原则存入寄存器 BX 中。

所以,在执行该指令后,BX 的值就为 5D2AH。

由于数据段的段寄存器默认为 DS,如果要指定访问其他段内的数据,可在指令中用段跨越前缀显式地书写出来。下面指令的目的操作数就是带有段跨越前缀的直接寻址方式。

```
MOV  ES:[1000H],AX  ;该指令把 AX 寄存器的内容送入地址为(ES) * 16 + 1000H 的存储单元
```

直接寻址方式常用于处理内存单元的数据,其操作数是内存变量的值,该寻址方式可在 64KB 的段内进行寻址。

注意:立即寻址方式和直接寻址方式的书写格式不同,直接寻址的地址要写在方括号[]内。在程序中,直接地址通常用内存变量名来表示。例如,“MOV BX, VARW”中的 VARW 是内存字变量的名称,该变量在数据段中定义。

【例 3-3】 试比较下列指令中源操作数的寻址方式(VARW 是内存字变量)。

```
MOV  AX,1234H  ;前者是立即寻址
MOV  AX,[1234H] ;后者是直接寻址
MOV  AX,VARW
MOV  AX,[VARW]  ;两者是等效的,均为直接寻址
```

3.2.4 寄存器间接寻址方式

操作数在存储器中,操作数的有效地址用 SI、DI、BX 和 BP 四个寄存器之一来指定,称这种寻址方式为寄存器间接寻址方式。该寻址方式物理地址的计算方法如下:

$$EA = (DI)/(SI)/(BP)/(BX)$$

$$PA = (DS) \times 16 + EA$$

寄存器间接寻址方式读取存储单元的原理如图 3-3 所示。在不使用段超越前缀的情况下，规定：

- 若有效地址用 SI、DI 和 BX 等之一来指定，则其默认的段寄存器为 DS；
- 若有效地址用 BP 来指定，则其默认的段寄存器为 SS(即堆栈段)。

【例 3-4】 假设有指令“MOV BX,[DI]”，在执行时，(DS)＝1000H，(DI)＝2345H，存储单元 12345H 的内容是 4354H。问执行指令后 BX 的值是什么？

根据寄存器间接寻址方式的规则，在执行本例指令时，寄存器 DI 的值不是操作数，而是操作数的地址。

该操作数的物理地址应由 DS 和 DI 的值形成，即 PA＝(DS)×16＋(DI)＝1000H×16＋2345H＝12345H。

所以，该指令的执行效果是把从物理地址为 12345H 开始的一个字存储单元中的值传送给 BX 寄存器。

其执行过程如图 3-4 所示。

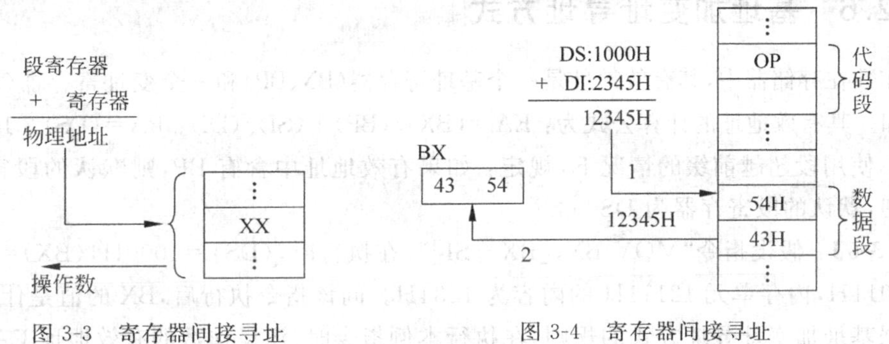

图 3-3 寄存器间接寻址　　　图 3-4 寄存器间接寻址

3.2.5 寄存器相对寻址方式

操作数在存储器中，其有效地址是一个基址寄存器(BX、BP)或变址寄存器(SI、DI)的内容和指令中的 8 位/16 位偏移量之和。其有效地址的计算公式如下式所示。

$$EA = BX/(BP) + 位移量, PA = (DS) \times 16 + EA$$

在不使用段跨越前缀的情况下，有下列规定：

若有效地址用 SI、DI 和 BX 等之一来指定，则其默认的段寄存器为 DS；若有效地址用 BP 来指定，则其默认的段寄存器为 SS。

指令中给出的 8 位/16 位偏移量用补码表示。在计算有效地址时，如果偏移量是 8 位，则进行符号扩展成 16 位。当所得的有效地址超过 0FFFFH，则取其 64K 的模。

【例 3-5】 假设指令“MOV BX,[SI＋100H]”，在执行它时，(DS)＝1000H，(SI)＝2345H，内存单元 12445H 的内容为 39A8H，问该指令执行后 BX 的值是什么？

根据寄存器相对寻址方式的规则，在执行本例指令时，源操作数的有效地址 EA 为

$$EA = (SI) + 100H = 2345H + 100H = 2445H$$

该操作数的物理地址应由 DS 和 EA 的值形成，即

PA＝(DS)×16＋EA＝1000H×16＋2445H＝12445H

所以，该指令的执行效果是，把从物理地址为 12445H 开始的一个字单元中的值 39A8H 传送给 BX。其执行过程如图 3-5 所示。执行后 BX 寄存器的值为 39A8H。

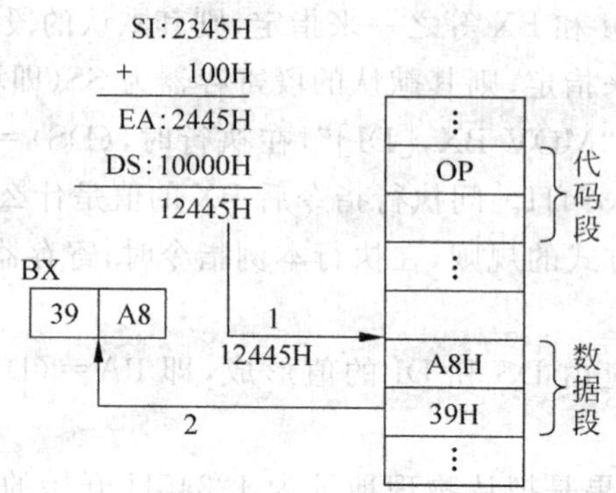

图 3-5　寄存器相对寻址

3.2.6　基址加变址寻址方式

操作数在存储器中，其有效地址是一个基址寄存器(BX、BP)和一个变址寄存器(SI、DI)的内容之和。其有效地址的计算公式为：EA＝(BX)/(BP)＋(SI)/(DI)；PA＝(DS)×16＋EA。

在不使用段超越前缀的情况下，规定：如果有效地址中含有 BP，则默认的段寄存器为 SS；否则，默认的段寄存器为 DS。

【例 3-6】　假设指令“MOV BX，[BX＋SI]”，在执行时，(DS)＝1000H，(BX)＝2100H，(SI)＝0011H，内存单元 12111H 的内容为 1234H。问该指令执行后，BX 的值是什么？

根据基址加变址寻址方式的规则，在执行本例指令时，源操作数的有效地址 EA 为

EA＝(BX)＋(SI)＝2100H＋0011H＝2111H

该操作数的物理地址应由 DS 和 EA 的值形成，即

PA＝(DS)×16＋EA＝1000H×16＋2111H＝12111H

该指令的执行效果是，把从物理地址为 12111H 开始的一个字单元中的值传送给 BX 寄存器，执行后(BX)＝1234H。执行过程如图 3-6 所示。

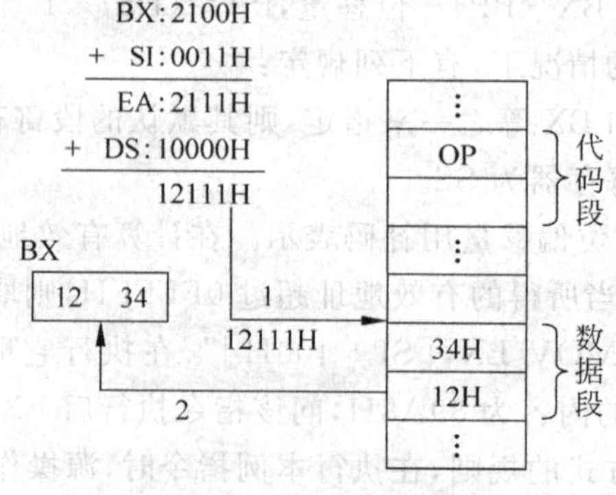

图 3-6　基址加变址寻址

3.2.7　相对基址加变址寻址方式

操作数在存储器中，其有效地址是一个基址寄存器(BX、BP)的值、一个变址寄存器(SI、DI)的值和指令中的8位/16位偏移量之和。其有效地址的计算公式为

EA＝(BX)/(BP)＋(SI)/(DI)＋位移量，　PA＝(DS)×16＋EA

在不使用段超越前缀的情况下，规定：如果有效地址中含有BP，则其默认的段寄存器为SS；否则，其默认的段寄存器为DS。

指令中给出的8位/16位偏移量用补码表示。在计算有效地址时，如果偏移量是8位，则进行符号扩展成16位。当所得的有效地址超过0FFFFH，则取其64K的模。

【例3-7】 假设指令"MOV AX,[BX＋SI＋200H]"，在执行时，(DS)＝3000H，(BX)＝2100H，(SI)＝0010H，内存单元32310H的内容为5678H。问该指令执行后AX的值是什么？

根据相对基址加变址寻址方式的规则，在执行本例指令时，源操作数的有效地址EA为

EA＝(BX)＋(SI)＋200H＝2100H＋0010H＋200H＝2310H

该操作数的物理地址应由DS和EA的值形成，即PA＝(DS)×16＋EA＝3000H×16＋2310H＝32310H。该指令的执行效果是，把从物理地址为32310H开始的一个字单元中的值传送给AX寄存器。执行后(AX)＝5678H。

从相对基址加变址这种寻址方式来看，由于它的可变因素较多，看起来就显得复杂，但正因为其可变因素多，它的灵活性也就很高，如图3-7所示。

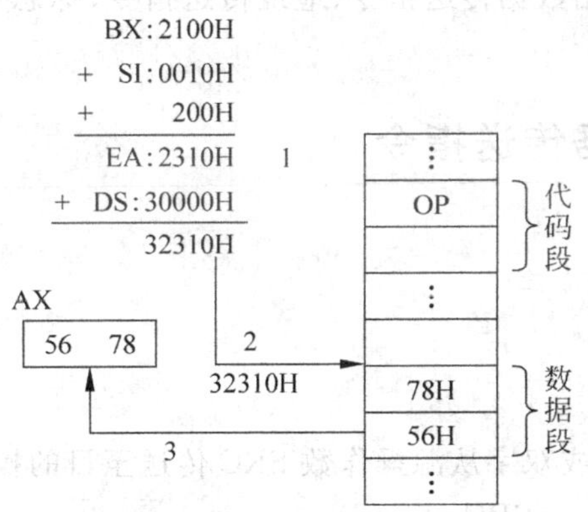

图3-7　相对基址加变址寻址

例如：

用D1[i]来访问一维数组D1的第i个元素，它的寻址有一个自由度，用D2[i][j]来访问二维数组D2的第i行、第j列的元素，其寻址有两个自由度。多一个可变的量，其寻址方式的灵活度也就相应提高了。

相对基址加变址寻址方式有多种等价的书写方式，下面的书写格式都是正确的，并且其寻址含义也是一致的。

```
MOV   AX,[BX + SI + 1000H]
MOV   AX,1000H[BX + SI]
MOV   AX,1000H[BX][SI]
MOV   AX,1000H[SI][BX]
```

但书写格式 BX［1000＋SI］和 SI［1000H＋BX］等是错误的，即所用寄存器不能在［“，”］之外，该限制对寄存器相对寻址方式的书写也同样起作用。因为［BX］表示把 BX 寄存器的内容作为地址，而 BX 表示直接使用 BX 中的内容。

相对基址加变址寻址方式是以上 7 种寻址方式中最复杂的一种寻址方式，可变形为其他类型的存储器寻址方式。表 3-2 所示是该寻址方式与其他寻址方式之间的变形关系。

表 3-2 相对基址加变址寻址方式与其他寻址方式之间的变形关系

源操作数	指令的变形	源操作数的寻址方式
只有偏移量	MOV AX,［100H］	直接寻址方式
只有一个寄存器	MOV AX,［BX］MOV AX,［SI］	寄存器间接寻址方式
有一个寄存器和偏移量	MOV AX,［BX＋100H］ MOV AX,［SI＋100H］	寄存器相对寻址方式
有两个寄存器	MOV AX,［BX＋SI］	基址加变址寻址方式
有两个寄存器和偏移量	MOV AX,［BX＋SI＋100H］	相对基址加变址寻址方式

3.3 数据传送指令

80x86 指令系统，指令按功能可分为数据传送指令、算术运算指令、控制转移指令、串操作指令、逻辑运算指令、输入输出指令、处理器控制指令、保护方式指令 8 个部分。

数据传送指令包括通用数据传送指令、地址传送指令、标志寄存器传送指令、符号扩展指令、扩展传送指令等。

3.3.1 通用数据传送指令

1. 传送指令

格式：

```
MOV DEST,SRC
```

功能：把一个字节、字或双字从源操作数 SRC 传送至目的操作数 DEST。

执行的操作：(DEST)←(SRC)。

传送指令允许的数据流方向如图 3-8 所示。

由图 3-8 可知，数据允许流动方向为：通用寄存器之间、通用寄存器和存储器之间、通用寄存器和段寄存器之间、段寄存器和存储器之间，另外还允许立即数传送至通用寄存器或存储器。但在上述传送过程中，段寄存器 CS 的值不能用传送指令改变。

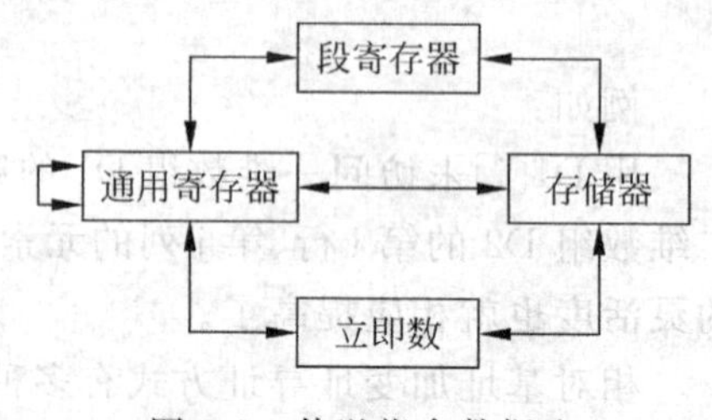

图 3-8 传送指令数据流

【例 3-8】 CPU 内部寄存器之间的数据传送。

```
MOV AL,DH          ; (AL)←(DH)(8 位)
MOV DS,AX          ; (DS)←(AX)(16 位)
MOV EAX,ESI        ; (EAX)←(ESI)(32 位)
```

【例 3-9】 CPU 内部寄存器和存储器之间的数据传送。

```
MOV [BX],AX          ; 间接寻址,把 AX 寄存器的内容传送到 BX 寄存器内容为地址的单元内 (16 位)
MOV EAX,[EBX + ESI]  ; 基址变址寻址(32 位)
MOV AL,BLOCK         ; BLOCK 为变量名,直接寻址(8 位)
```

【例 3-10】 立即数送通用寄存器、存储器。

```
MOV EAX,12345678H    ; EAX←12345678H (32 位)
MOV [BX],12H         ; 间接寻址(8 位)
MOV AX,1234H         ; AX←1234H(16 位)
```

【例 3-11】 段地址必须通过寄存器(如 AX,BX 等)送到 DS 寄存器。

```
MOV AX,DATA_SEG
MOV DS,AX
```

【例 3-12】 把变量 TABLE 的偏移地址送 BX 寄存器。

```
MOV BX,OFFSET TABLE ; OFFSET 为属性操作符,表示把其后的符号地址的值(不是内容)作为操作数
```

注意:

- 源和目的操作数不允许同时为存储器操作数;
- 源和目的操作数数据类型必须一致;
- 源和目的操作数不允许同时为段寄存器;
- 目的操作数不允许为 CS 和立即数;
- 当源操作数为立即数时,目的操作数不允许为段寄存器;
- 传送操作不影响标志位。

2. 扩展传送指令

格式:

```
MOVSX  DEST,SRC
MOVZX  DEST,SRC
```

功能:将源操作数由 8 位扩展到 16 位并传送到目的操作数,或由 16 位扩展到 32 位并传送到目的操作数。其中 MOVSX 是按有符号数扩展,MOVZX 是按无符号数扩展。无符号数或有符号数的正数高位扩展为 0,有符号数的负数高位扩展为全 1。这两个指令不影响标志位。

【例 3-13】 带符号数扩展。

```
MOV BL,80H           - 128
MOVSX AX,BL          ; 将 80H 扩展为 FF80H 后送 AX 寄存器中。
```

【例 3-14】 无符号数扩展。

```
MOV BL,80H           ; 128
MOVZX AX,BL          ; 将 80H 扩展为 0080H 后送 AX 寄存器中。
```

注意:

- 目的操作数应为 16 位或 32 位通用寄存器;

- 源操作数长度须小于目的操作数长度，为 8 位或 16 位通用寄存器或存储器操作数；
- 扩展传送操作不影响标志位。

3. 交换指令

1）格式：

```
XCHG OPR1,OPR2
```

功能：交换操作数 OPR1 和 OPR2 的值，操作数数据类型为字节、字或双字。允许通用寄存器之间、通用寄存器和存储器之间交换数据，但不允许使用段寄存器。

执行的操作：

```
(OPR1)↔(OPR2)
```

【例 3-15】 交换指令举例。

```
XCHG AX,BX          ；通用寄存器之间交换数据(16 位)
XCHG ESI,EDI        ；通用寄存器之间交换数据(32 位)
XCHG BX,[BP + SI]   ；通用寄存器和存储单元之间交换数据(16 位)，具体操作如表 3-3 所示。
```

表 3-3 寄存器和存储器之间的数据交换

指令执行前	执行的指令	指令执行后
(BX)＝6F30H，(BP)＝0200H，(SI)＝0046H，(SS)＝2F00H，(2F246H)＝4154H BP 寄存器默认的段寄存器是 SS	XCHG BX,[BP+SI]	(BX)＝4154H， (2F246H)＝6F30H

注意：

- 操作数 OPR1 和 OPR2 不允许同为存储器操作数；
- 操作数数据类型必须一致；
- 交换指令不影响标志位。

如要实现存储器操作数交换，可用如下指令实现：

```
MOV AL,BLOCK1
XCHG AL,BLOCK2
MOV BLOCK1,AL
```

2）格式：

```
BSWAP REG
```

功能：将 32 位通用寄存器中，第 1 个字节和第 4 个字节交换，第 2 个字节和第 3 个字节交换。此指令适用于 486 及其之后的机型。

执行的操作如图 3-9 所示。

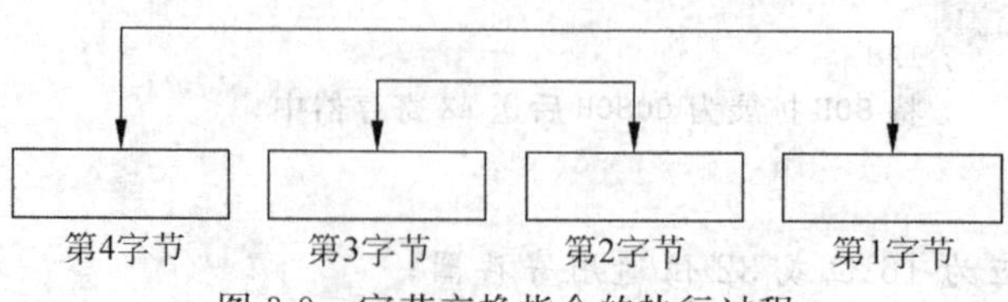

图 3-9 字节交换指令的执行过程

【例 3-16】 BSWAP 指令的使用。

```
MOV EAX,44332211H
BSWAP EAX          ; 指令执行后(EAX)   = 11223344H
```

注意：

- 操作数为 32 位通用寄存器；
- 交换指令不影响标志位。

3.3.2 堆栈操作指令

1. 入栈指令

(1) 源操作数入栈格式：

```
PUSH SRC
```

功能：将源操作数压入堆栈，源操作数允许为 16 位或 32 位通用寄存器、存储器和立即数以及 16 位段寄存器。当操作数数据类型为字类型，压栈操作使 SP 值减 2；当数据类型为双字类型，压栈操作使 SP 值减 4。

执行的操作：

```
16 位指令：(SP)←(SP) - 2
          ((SP) + 1,(SP))←(SRC)
32 位指令：(ESP)←(ESP) - 4
          ((ESP) + 3,(ESP) + 2,(ESP) + 1,(ESP))←(SRC)
```

(2) 寄存器入栈格式：

```
PUSHA
PUSHAD
```

功能：PUSHA 将 16 位通用寄存器压入堆栈，压栈顺序为 AX,CX,DX,BX,SP,BP,SI,DI。指令执行后(SP)←(SP)－16 。

PUSHAD 将 32 位通用寄存器压入堆栈，压栈顺序为 EAX,ECX,EDX,EBX,ESP,EBP,ESI,EDI。指令执行后(ESP)←(ESP)－32 。

【例 3-17】 PUSH AX 指令的执行情况，如图 3-10 所示。

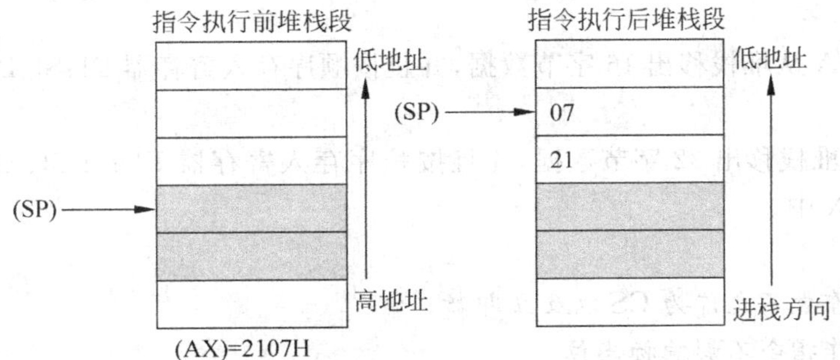

图 3-10 PUSH AX 指令的执行情况

【例 3-18】 PUSHAD 指令的执行情况，如图 3-11 所示。

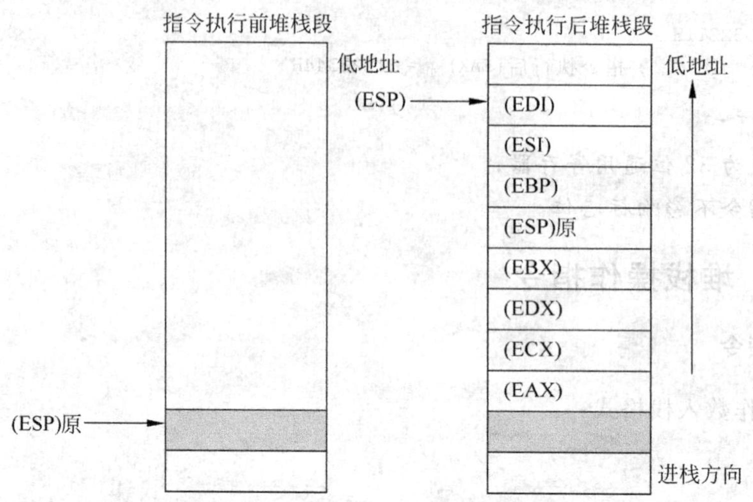

图 3-11 PUSHAD 指令的执行情况

2. 出栈指令

(1) 弹出操作数格式：

```
POP DEST
```

功能：从栈顶弹出操作数送入目的操作数。目的操作数允许为 16 或 32 位通用寄存器、存储器和 16 位段寄存器。当操作数数据类型为字类型，出栈操作使 SP 加 2；当操作数数据类型为双字类型，出栈操作使 SP 加 4。

【例 3-19】 POP 指令的使用。

```
POP AX              ; 操作数出栈送寄存器(16 位)
POP ECX             ; 操作数出栈送寄存器(32 位)
POP [BX]            ; 操作数出栈送存储器(16 位)
POP DWORD PTR [SI]  ; 操作数出栈送存储器(32 位)
```

(2) 弹出寄存器数据格式：

```
POPA
POPAD
```

功能：POPA 从堆栈移出 16 字节数据，并且按顺序存入寄存器 DI、SI、BP、SP、BX、DX、CX、AX 中。

POPAD 从堆栈移出 32 字节数据，并且按顺序存入寄存器 EDI、ESI、EBP、ESP、EBX、EDX、ECX、EAX 中。

注意：

- 目的操作数不允许为 CS 以及立即数；
- 堆栈操作指令不影响标志位。

【例 3-20】 POP AX 指令的执行情况，如图 3-12 所示。

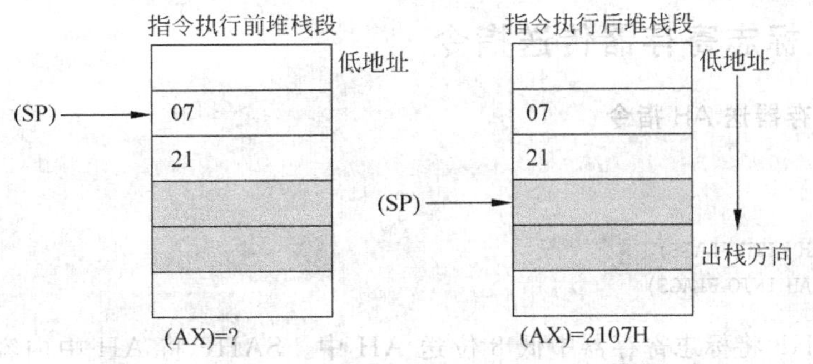

图 3-12　POP AX 指令的执行情况

3.3.3　地址传送指令

1. 取有效地址指令格式

```
LEA REG,MEM
```

功能：将源操作数的有效地址传送到通用寄存器，操作数 REG 为 16 位或 32 位通用寄存器，源操作数为 16 位或 32 位存储器操作数。

执行的操作

```
(REG)←(MEM)
```

【例 3-21】　LEA 指令的使用。

```
LEA BX,BLOCK          ；将 BLOCK 的有效地址传送到 BX 中(16 位)
LEA EAX,[\EBX\]       ；将 EBX 内容(有效地址)传送到 EAX 中(32 位)
```

2. 有效地址送寄存器指令格式

```
LDS(ES,FS,GS,SS)REG,MEM
```

功能：根据源操作数指定的偏移地址，在数据段中取出段地址和偏移地址分别送指定的段寄存器和指定的通用寄存器。

执行的操作：

```
(REG)←(MEM)
(SREG)←(MEM+2)/(MEM+4)
```

【例 3-22】　LES 指令的使用。

```
LES BX,[SI]           ；将 32 位地址指针分别送 ES 和 BX 即(BX)←(([SI]),(ES))←([SI+2])
```

假定指令执行前(DS)＝B0000H，(SI)＝080AH，(B080AH)＝05AEH，(B080CH)＝4000H，则指令执行后，(BX)＝05AEH，(ES)＝4000H。

【例 3-23】　LSS 指令的使用。

```
LSS ESP,MEM           ；将 48 位地址指针分别送 ESP 和 SS 寄存器。
```

地址传送指令对标志位无影响。

3.3.4 标志寄存器传送指令

1. 标志寄存器送 AH 指令

格式：

```
LAHF(LOAD AH WITH FLAGS)
SAHF(STORE AH INTO FLAGS)
```

功能：LAHF 将标志寄存器中低 8 位送 AH 中。SAHF 将 AH 中内容送标志寄存器中低 8 位。

执行的操作：

```
LAHF:(AH)←(FLAGS 的低字节)。
SAHF:(FLAGS 的低字节)←(AH)。
```

2. 标志寄存器内容入/出栈指令

格式：

```
PUSHF(PUSH THE FLAGS)
POPF(POP THE FLAGS)
```

功能：PUSHF 将标志寄存器低 16 位内容压入堆栈。POPF 将当前栈顶一个字传送到标志寄存器低 16 位中。

执行的操作：

```
PUSHF:  (SP)←(SP) - 2
        ((SP) + 1,(SP))←(FLAGS)
POPF:   (FLAGS)←((SP) + 1,(SP))
        (SP)←(SP) + 2
```

3. 32 位标志寄存器内容入/出栈

格式：

```
PUSHFD(PUSH THE EFLAGS)
POPFD(POP THE EFLAGS)
```

功能：PUSHFD 将标志寄存器 32 位内容压入堆栈，SP←SP－4。POPFD 将当前栈顶一个双字传送到 32 位标志寄存器中，SP←SP＋4。

执行的操作：

```
PUSHFD: (ESP)←(ESP) - 4
((ESP) + 3,(ESP) + 2,(ESP) + 1,(ESP))←(EFLAGS AND 0FCFFFFH)
；进行与操作是为了清除 VM 和 RF 位
POPFD:  (EFLAGS)←((ESP) + 3,(ESP) + 2,(ESP) + 1,(ESP))
        (ESP)←(ESP) + 4
```

上述 SAHF，POPF，POPFD 均影响相应的标志寄存器内容。

3.3.5 查表指令

格式：

```
XLAT
```

功能：将寄存器 AL 中的内容转换成存储器表格中的对应值。实现直接查表功能。

XLAT 指令规定：BX 寄存器存放表的首地址，AL 寄存器中存放表内偏移量，执行 XLAT 指令，以段寄存器 DS 的内容为段基址，有效地址为 BX 和 AL 内容之和，取出表中一个字节内容送 AL 中。

【例 3-24】 内存中有一起始地址为 TABLE 的编码表，试编程将表中顺序号为 4 的存储单元内容送寄存器 AL

```
        .MODEL SMALL
        .DATA
TABLE   DB 11H,22H,33H,44H,55H         ; 某编码表
        .CODE
        .STARTUP
        MOV AL,4                       ; AL←4
        MOV BX,OFFSET TABLE            ; BX←TABLE 表首地址
        XLAT                           ; 结果在 AL 中,AL = 55H
        .EXIT
        END
```

查表指令不影响标志位。

3.3.6 类型转换指令

1. 字节扩展

格式：

```
CBW
```

功能：将 AL 中 8 位带符号数，进行带符号扩展为 16 位，送 AX 中。带符号扩展是指对正数高位扩展为全 0，对负数高位扩展为全 1。

【例 3-25】 AL=55H，经 CBW 扩展后，AX=0055H；AL=A5H，经 CBW 扩展后，AX=FFA5H。

2. 字扩展

格式：

```
CWD
```

功能：将 AX 中 16 位带符号数，进行带符号扩展为 32 位，送 DX 和 AX 中。高 16 位送 DX 中，低 16 位送 AX 中。

3. 双字扩展

格式：

```
CWDE
```

功能：将 AX 中 16 位带符号数，进行带符号扩展为 32 位，送 EAX 中。

4. 4 字扩展

格式：

```
CDQ
```

功能：将 EAX 中 32 位带符号数，进行带符号扩展为 64 位，送 EDX 和 EAX 中。低 32 位送 EAX 中，高 32 位送 EDX 中。

符号扩展指令对标志位无影响。

3.4 算术运算指令

80x86 指令包括加、减、乘、除 4 种基本算术运算操作及十进制算术运算调整指令。二进制加、减法指令，带符号操作数采用补码表示时，无符号数和带符号数据运算可以使用相同的指令。二进制乘、除法指令分带符号数和无符号数运算指令。

3.4.1 加法指令

格式：

```
ADD   DEST,SRC   ;执行的操作：(DEST)←(DESG) + (SRC)
ADC   DEST,SRC   ;执行的操作：(DEST)←(DESG) + (SRC) + CF
```

功能：ADD 是将源操作数与目的操作数相加，结果传送到目的操作数。ADC 是将源操作数与目的操作数以及 CF(低位进位)值相加，结果传送到目的操作数。

源操作数可以是通用寄存器、存储器或立即数。目的操作数可以是通用寄存器或存储器操作数。

ADD,ADC 指令影响标志位为 OF、SF、ZF、AF、PF、CF。

【例 3-26】 加法指令的使用。

```
MOV AX,9876H
ADD AH,AL      ; AX = 0E76H   CF = 1   SF = 0   OF = 0   ZF = 0   AF = 0   PF = 0
ADC AH,AL      ; AX = 8576H   CF = 0   SF = 1   OF = 1   ZF = 0   AF = 1   PF = 0
```

3.4.2 减法指令

格式：

```
SUB DEST,SRC  ; 执行的操作：(DEST)←(DESG) - (SRC)
SBB DEST,SRC  ; 执行的操作：(DEST)←(DESG) - (SRC) - CF
```

功能：SUB 将目的操作数减源操作数，结果送目的操作数。SBB 将目的操作数减源操作数，还要减 CF(低位借位)值，结果送目的操作数。

源操作数可以是通用寄存器、存储器或立即数。目的操作数可以是通用寄存器或存储器操作数。

SUB,SBB 指令影响的标志位有 OF、SF、ZF、AF、PF、CF。

【例 3-27】 减法指令的使用。

```
MOV AX,9966H          ;AX = 9966H
SUB AL,80H            ;AL = E6H  CF = 1  SF = 1  OF = 1  ZF = 0  AF = 0  PF = 0
SBB AH,80H            ;AH = 18H  CF = 0  SF = 0  OF = 0  ZF = 0  AF = 0  PF = 1
```

3.4.3 加 1 减 1 指令

格式:

```
INC DEST
DEC DEST
```

功能:INC 指令将目的操作数加 1,结果送目的操作数。DEC 指令将目的操作数减 1,结果送目的操作数。目的操作数为通用寄存器或存储器操作数。

INC 和 DEC 指令影响的标志位有 OF、SF、ZF、AF、PF,不影响 CF 位。

【例 3-28】 加减 1 指令的使用。

```
INC BL                ;(BL)←(BL) + 1
INC AX                ;(AX)←(AX) + 1
INC WORD  PTR [BX]    ;存储器中的字操作数加 1
DEC BYTE PTR [SI]     ;存储器中的字节操作数减 1
DEC EAX               ;(EAX)←(EAX) - 1
```

3.4.4 比较指令

1. 格式

```
CMP DEST,SRC      执行的操作:(DEST) - (SRC)
```

功能:目的操作数减源操作数,结果不回送,只是根据结果设置条件标志位。CMP 指令后往往跟着一个条件转移指令,根据比较结果产生不同的程序分支。源操作数为通用寄存器、存储器和立即数。目的操作数为通用寄存器、存储器操作数。

CMP 指令影响的标志位有 OF、SF、ZF、AF、PF、CF。

【例 3-29】 比较指令的使用。

```
CMP CX,3
CMP WORD PTR [SI],3
CMP AX,BLOCK
```

比较指令 CMP AX,BX 执行后,对状态标志位影响见表 3-4。

表 3-4 CMP 指令对标志位的影响

<table>
<tr><th>数据类型</th><th>关系</th><th>CF</th><th>ZF</th><th>SF</th><th>OF</th></tr>
<tr><td rowspan="5">带符号数</td><td>Dest=src</td><td>0</td><td>1</td><td>0</td><td>0</td></tr>
<tr><td rowspan="2">Dest<src</td><td>—</td><td>0</td><td>1</td><td>0</td></tr>
<tr><td>—</td><td>0</td><td>0</td><td>1</td></tr>
<tr><td rowspan="2">Dest>src</td><td>—</td><td>0</td><td>0</td><td>0</td></tr>
<tr><td>—</td><td>0</td><td>1</td><td>1</td></tr>
<tr><td rowspan="3">无符号数</td><td>Dest=src</td><td>0</td><td>1</td><td>0</td><td>0</td></tr>
<tr><td>Dest<src</td><td>1</td><td>0</td><td>—</td><td>—</td></tr>
<tr><td>Dest>src</td><td>0</td><td>0</td><td>—</td><td>—</td></tr>
</table>

对于两个数的比较(AX－BX)有以下 4 种情况。

(1) 两个正数比较,使用 SF 标志位判断。

SF＝0,则 AX≥BX,若 ZF＝1,则 AX＝BX;SF＝1,则 AX＜BX。

(2) 两个无符号数比较,使用 CF 标志位判断。

CF＝0,则 AX≥BX,若 ZF＝1,则 AX＝BX;CF＝1,则 AX＜BX。

(3) 两个负数比较,使用 SF 标志位判断。

SF＝0,则 AX≥BX,若 ZF＝1,则 AX＝BX;SF＝1,则 AX＜BX。

(4) 个异符号数比较。

如果 OF＝0,仍可用 SF 标志判断大小。如果 OF＝1,说明结果的符号位发生错误,所以 SF＝0,则 AX＜BX;SF＝1,则 AX＞BX。

综上所述,两个异号数比较:

当 OF＝0,SF＝0,则 AX＞BX;SF＝1,则 AX＜BX。当 OF＝1,SF＝0,则 AX＜BX;SF＝1,则 AX＞BX。

用逻辑表达式表示为:

若 OF ∀ SF＝0,则 AX＞BX;若 OF ∀ SF＝1,则 AX＜BX。

2. 比较并交换指令

格式:

```
CMPXCHG   DEST,REG
```

功能:比较并交换目的操作数和源操作数。

执行的操作:累加器 AC 与 DEST 比较。

如果(AC)＝(DEST),则 ZF←1 (DEST)←(SRC)。

否则,ZF←0,(AC)←(DEST)。

源操作数允许为通用寄存器,目的操作数可以为通用寄存器,存储器操作数。

CMPXCHG 影响标志位为 OF,SF,ZF,AF,PF,CF。

3. 比较并部分交换指令

格式:

```
CMPXCHG8B   MEM
```

功能:比较并交换 8 字节。

执行的操作:"EDX":"EAX"中值与 MEM 比较。

如果(EDX:EAX)＝MEM,则 ZF←1,(MEM)←(EDX:EAX);否则,则 ZF←0,(EDX:EAX)←(MEM)。

该指令为 64 位比较交换指令,影响 ZF 标志位。

3.4.5 交换相加指令

格式:

```
XADD   DEST,SRC
```

功能：目的操作数加源操作数，结果送目的操作数，原目的操作数内容送源操作数。源操作数允许为通用寄存器。目的操作数允许为通用寄存器、存储器操作数。

执行的操作：TEMP←(SRC)+(DEST)，(SRC)←(DEST)，(DEST)←TEMP。

XADD 指令影响标志位有 OF、SF、ZF、AF、PF、CF。

【例 3-30】 编写程序实现 w←(x+y+24−z)。其中，x，y，z，w 是双精度数，分别存放在地址 x，x+2；y，y+2；z，z+2；w，w+2 的存储单元中。

```
;EX330.ASM 加减运算举例   W←(X + Y + 24 - Z)
DATA SEGMENT                          ; 定义数据段
  X DW 1122H,3344H
  Y DW 5566H,7788H
  Z DW 1122H,3344H
  W DW ?,?
DATA ENDS

CODE SEGMENT                          ; 定义代码段
MAIN PROC FAR                         ; 代码段中的主过程
     ASSUME CS:CODE,DS:DATA           ; 段寄存器与对应段定义的指定
START:
     PUSH DS                          ; 保护原有数据
     XOR AX,AX
     PUSH AX

     MOV AX,DATA                      ; 具体的数据段与段寄存器的对应
     MOV DS,AX

     MOV AX,X                         ; 取出数据段中各存储单元中的值
     MOV DX,X + 2
     ADD AX,Y                         ;(AX)←(AX) + (Y)
     ADC DX,Y + 2                     ;(DX)←(DX) + (Y + 2) + CF
     ADD AX,24
     ADC DX,0
     SUB AX,Z                         ;(AX)←(AX) - (Z)
     SBB DX,Z + 2                     ;(DX)←(DX) - (Z + 2) - CF
     MOV W,AX
     MOV W + 2,DX                     ;运算结果存放在 W 单元中
     RET

MAIN ENDP                             ; 主过程结束
CODE ENDS                             ; 代码段结束
     END START                        ; 汇编程序结束
```

3.4.6 求补指令

格式：

```
NEG  DEST
```

功能：对目的操作数求补，用 0 减去目的操作数，结果送目的操作数。目的操作数为通

用寄存器、存储器操作数。

执行的操作：(DEST)←－(DEST)。

对十进制数据而言就是求相反数，对二进制数据而言就是对操作数求反末位加1。

NEG 指令影响标志位有 OF、SF、ZF、AF、PF、CF。

3.4.7 乘法指令

1. 单操作数乘法指令

格式：

```
MUL  SRC
IMUL  SRC
```

功能：MUL 为无符号数乘法指令，IMUL 为带符号数乘法指令。源操作数为通用寄存器或存储器操作数。目的操作数默认存放在 ACC(AL,AX,EAX)中，乘积存 AX、DX：AX 或 EDX：EAX 中。

执行的操作：无符号数乘法指令 MUL。

字节乘：(AX)←(AL)×(SRC)。

字乘：(DX：AX)←(AX)×(SRC)。

双字乘：(EDX：EAX)←(EAX)×(SRC)。

有符号数乘法指令 IMUL 的执行过程与无符号数乘法指令 MUL 的执行操作一样，但要求操作数是带符号数。

"MUL,IMUL"指令执行后，CF=OF=0，表示乘积高位无有效数据；CF=OF=1 表示乘积高位含有效数据，对其他标志位无定义。

【例 3-31】 乘法指令的使用。

```
MUL BL                        ; 字节乘
MUL WORD PTR [SI]             ; 字乘
IMUL BYTE PTR [DI]            ; 字节乘
IMUL DWORD PTR [ECX]          ; 双字乘
```

如果使用 IMUL 指令，积采用补码形式表示。

2. 双操作数乘法指令

格式：

```
IMUL  DEST,SRC
```

功能：将目的操作数乘以源操作数，结果送目的操作数。目的操作数为 16 位或 32 位通用寄存器或存储器操作数。源操作数为 16 位或 32 位通用寄存器、存储器或立即数。

源操作数和目的操作数数据长度要求一致。乘积仅取和目的操作数相同的位数，高位部分将被舍去，并且 CF=OF=1。其他标志位无定义。

执行的操作：(DEST)←(DEST)×(SRC)。

3. 三操作数乘法指令

格式：

```
IMUL DEST,SRC1,SRC2
```

功能：将源操作数SRC1与源操作数SRC2相乘，结果送目的操作数DEST。目的操作数DEST为16位或32位，允许为通用寄存器。源操作数SRC1为16位或32位通用寄存器或存储器操作数。源操作数SRC2允许为立即数。

执行的操作：(DEST)←(SRC1)×(SRC2)。

要求目的操作数和源操作数SRC1类型相同，当乘积超出目的操作数部分，将被舍去，并且使CF=OF=1，在使用这类指令时，需在IMUL指令后加一条判断溢出的指令，溢出时转错误处理执行程序。

3.4.8 除法指令

格式：

```
DIV SRC
IDIV SRC
```

功能：DIV为无符号数除法，IDIV为带符号数除法。源操作数作为除数，为通用寄存器或存储器操作数。被除数默认在目的操作数AX，DX：AX，EDX：EAX中。

执行的操作：

字节除法：(AL)←(AX)/(SRC)的商，(AH)←余数。

字除法：(AX)←(DX・AX)/(SRC)的商，(DX)←余数。

双字除法：(EAX)←(EDX・EAX)/(SRC)商，(EDX)←余数。

由于被除数必须是除数的双倍字长，一般应使用扩展指令进行高位扩展。当进行无符号数除法时，被除数高位按0扩展为双倍除数字长。当进行有符号数除法时，被除数以补码表示。可使用扩展指令CBW，CWD，CWDE，CDQ进行高位扩展。

例如：

```
MOV AX,BLOCK
CWD                                ;被除数高位扩展
MOV BX,1000H
IDIV BX
```

对于带符号除法，其商和余数均采用补码形式表示，余数与被除数同符号。当除数为0或商超过了规定数据类型所能表示的范围时，将会出现溢出现象，产生一个中断类型码为0的中断。执行除法指令后标志位无定义。

【例3-32】 编写程序实现(V－(X×Y＋Z－540))/X，其中，X，Y，Z，V均为16位带符号数，分别存放在X、Y、Z、V单元中，要求计算结果存放在AX寄存器，余数存放在DX寄存器中。编写程序如下：

```
;EX332.ASM 算术运算举例   (V-(X×Y+Z-540))/X
```

```
DATA SEGMENT                    ; 定义数据段
  X   DW 1111H
  Y   DW 2222H
  Z   DW 3333H
  V   DW 9999H
DATA ENDS

CODE SEGMENT                    ; 定义代码段
MAIN PROC FAR                   ; 代码段中的主过程
     ASSUME CS:CODE,DS:DATA     ; 段寄存器与对应段定义的指定
START:
     PUSH DS                    ; 保护原有数据
     XOR AX,AX
     PUSH AX

     MOV AX,DATA                ; 具体的数据段与段寄存器的对应
     MOV DS,AX

     MOV AX,X                   ; 取出数据段中各存储单元中的值
     IMUL Y                     ; (AX)←(AX)×Y
     MOV CX,AX
     MOV BX,DX
     MOV AX,Z
     CWD                        ; 将 W 存储单元中的值扩展为双字
     ADD CX,AX
     ADC BX,DX                  ;X×Y+Z
     SUB CX,540
     SBB BX,0
     MOV AX,V
     CWD
     SUB AX,CX                  ;(AX)←(AX) - (CX)
     SBB DX,BX                  ;(DX)←(DX) - (BX) - CF
     IDIV X                     ;(AX)←(AX,DX) / (V)
     RET                        ;返回 DOS
     MAIN ENDP                  ; 主过程结束
CODE ENDS                       ; 代码段结束
     END START                  ; 汇编程序结束
```

3.4.9 BCD 算术运算

十进制数在机器中采用 BCD 码表示，以压缩格式存放，即一个字节存储 2 位 BCD 码，BCD 加减法是在二进制加减运算的基础上，对其二进制结果进行调整，将结果调整成 BCD 码表示形式。

1. 加法运算的调整指令

格式：

```
DAA
```

功能：将存放在AL中的二进制和数，调整为压缩格式的BCD码表示形式。

调整方法：若AL中低4位大于9或标志AF=1(表示低4位向高4位有进位)，则AL+6→AL,1→AF；若AL中高4位大于9，或标志CF=1(表示高4位有进位)，则AL+60H→AL,1→CF。

DAA指令一般紧跟在ADD或ADC指令之后使用，影响标志位为SF、ZF、AF、PF、CF,OF无定义。

2. 减法运算的调整指令

格式：

```
DAS
```

功能：将存放在AL中的二进制差数，调整为压缩的BCD码表示形式。

调整方法：若AL中低4位大于9或标志AF=1(表示低4位向高位借位)，则AL－6→AL,1→AF；若AL中高4位大于9或标志CF=1(表示高4位向高位借位)，则AL－60H→AL,1→CF。

DAS指令一般紧跟在SUB或SBB指令之后使用，影响标志位为SF、ZF、AF、PF、CF，OF无定义。

3.4.10 ASCII算术运算

数字0～9的ASCII码为30H～39H，机器采用一个字节存放一位ASCII码，对于ASCII码的算术运算是在二进制运算基础上进行调整。调整指令有加、减、乘、除4种调整指令。

1. 加法运算的ASCII调整指令

格式：

```
AAA
```

功能：将存放在AL中的二进制和数，调整为ASCII码表示的结果。

调整方法：若AL中低4位小于或等于9，仅AL中高4位清0，AF→CF；若AL中低4位大于9或标志AF=1(进位)，则AL+6→AL，AH+1→AH，1→AF，AF→CF，AL中高4位清0。

AAA指令一般紧跟在ADD或ADC指令之后使用，影响标志位为AF、CF，其他标志位无定义。

【例3-33】 AAA指令的使用。

```
MOV AX,0036H
ADD,AL,35H
AAA          ；指令执行后(AX)＝0101H
```

2. 减法运算的ASCII调整指令

格式：

```
AAS
```

功能：将存放在 AL 中的二进制差数，调整为 ASCII 码表示形式。

调整方法：若 AL 中低 4 位小于等于 9，仅 AL 中高 4 位清 0，AF→CF；若 AL 中低4 位大于 9 或标志 AF=1，则 AL－6→AL，AH－1→AH，1→AF，AF→CF，AL 中高 4 位清 0。

AAS 指令一般紧跟在 SUB、SBB 指令之后使用，影响的标志位有 AF、CF，其他标志位无定义。

【例 3-34】 AAS 指令的使用。

```
MOV AX,0132H
SUB AL,35H
AAS                               ; 指令执行后(AX) = 0007H
```

3. 乘法运算的 ASCII 调整指令

格式：

```
AAM
```

功能：将存放在 AL 中的二进制积数，调整为 ASCII 码表示形式。

调整方法：AL/10 商→AH，余数→AL。

AAM 指令一般紧跟在 MUL 指令之后使用，影响的标志位有 SF、ZF、PF，其他标志位无定义。

【例 3-35】 AAM 指令的使用。

```
MOV AL,07H
MOV BL,09H
MUL BL                            ; (AX) = 003FH
AAM                               ; 指令执行后(AX) = 0603H
```

4. 除法运算的 ASCII 调整指令

格式：

```
AAD
```

功能：将 AX 中两位非压缩 BCD 码(一个字节存放一位 BCD 码)，转换为二进制数的表示形式。

调整方法：AH 10＋AL→AL0→AH。

AAD 指令用于二进制除法 DIV 操作之前，影响的标志位有 SF、ZF、PF，其他标志位无定义。

【例 3-36】 AAD 指令的使用。

```
MOV AX,0605H
MOV BL,09H
AAD                               ; (AX) = 0041H
DIV BL                            ; 指令执行后(AX) = 0207H
```

使用该类指令应注意，加法、减法和乘法调整指令都是紧跟在算术运算指令之后，将二进制的运算结果调整为非压缩BCD码表示形式，而除法调整指令必须放在除法指令之前进行，以避免除法出现错误的结果。

注意：

- 如果没有特别规定，参与运算的两个操作数数据类型必须一致，且只允许一个为存储器操作数；
- 如果参与运算的操作数只有一个，且为存储器操作数，必须使用PTR伪指令说明数据类型；
- 操作数不允许为段寄存器；
- 目的操作数不允许为立即数；
- 如果是存储器寻址，则存储器各种寻址方式均可使用。

3.5 控制转移类指令

计算机执行程序一般是顺序地逐条执行指令，经常需要根据不同条件做不同的处理，有时需要跳过几条指令，有时需要重复执行某段程序，或转移到另一个程序段去执行。用于控制程序流程的指令包括转移、循环、过程调用和中断调用。

3.5.1 转移指令

1. 无条件转移指令

格式：

```
JMP TARGET
```

功能：使程序无条件地转移到指令规定的目的地址TARGET去执行指令。转移分为短转移、段内转移(近程转移)和段间转移(远程转移)。

1）段内直接转移

格式：

```
JMP SHORT TARGET     ；段内直接短转移
```

执行的操作：(IP)←(IP)+8位位移量。

```
JMP NEAR PTR TARGET  ；段内直接近转移
```

执行的操作：(IP)←(IP)+16位位移量。

功能：采用相对寻址将当前IP值(即JMP指令下一条指令的地址)与JMP指令中给出的偏移量之和送IP中。段内短转移(SHORT)指令偏移量为8位，允许转移偏移值的范围为－128～＋127。段内近程转移(NEAR)指令在16位指令模式下，偏移量为16位，允许转移偏移值范围为$-2^{15}\sim+2^{15}-1$。在32位指令模式下，偏移值范围为$-2^{31}\sim+2^{31}-1$。

【例3-37】 JMP指令的使用。

```
JMP NEXT
  ⋮
```

```
NEXT: MOV AL,BL
```

本例为无条件转移到本段内标号为 NEXT 的地址去执行指令，汇编程序可以确定目的地址与 JMP 指令的距离。

2）段内间接转移

格式：

```
JMP REG
JMP NEAR PTR [REG]
```

功能：段内间接转移，其中 JMP REG 指令地址在通用寄存器中，将其内容直接送 IP 实现程序转移。JMP NEAR PTR [REG]指令地址在存储器中，默认段寄存器根据参与寻址的通用寄存器来确定，将指定存储单元的字取出直接送 IP 实现程序转移。在 16 位指令模式，转移偏移值范围为$-2^{15} \sim 2^{15}-1$。在 32 位指令模式，转移偏移值范围为$-2^{31} \sim +2^{31}-1$。

【例 3-38】 段内转移指令的使用。设 DS＝1000H，EBX＝00002000H。

```
JMP BX                    ；将 2000H 送 IP
JMP NEAR PTR [BX]         ；将地址 1000：2000 单元存放的一个字送 IP
JMP NEAR PTR [EBX]        ；将段选择符为 1000H，偏移地址为 00002000H 单元存放的双字送 EIP
```

3）段间直接转移

格式：

```
JMP FAR PTR TARGET
```

功能：段间直接转移，FAR PTR 说明标号 TARGET 具有远程属性。将指令中由 TARGET 指定的段值送 CS，偏移地址送 IP。

执行的操作：(IP)←TARGET 的段内偏移地址，(CS)←TARGET 所在段的段地址。

386 及后继机型，偏移地址送 EIP。

在 16 位指令模式下，段地址送 CS，偏移地址为 16 位，转移偏移值范围$-2^{15} \sim +2^{15}-1$；在 32 位指令模式下，段地址送 CS，偏移地址为 32 位，转移偏移值范围为$-2^{31} \sim +2^{31}-1$。

4）段间间接转移

格式：

```
JMP FAR PTR [Reg]
```

功能：段间间接转移，由 FAR PTR [Reg]指定的存储器操作数作为转移地址。

在 16 位指令模式下，存储器操作数为 32 位，包括 16 位段基址和 16 位偏移地址。

【例 3-39】 段间转移指令的使用。

```
JMP FAR PTR [BX]          ；数据段双字存储单元低字内容送 IP
                          ；数据段双字存储单元高字内容送 CS
```

在 32 位指令模式下，存储器操作数包括 16 位选择符。

2. 条件转移指令

该类指令是根据上一条指令对标志寄存器中标志位的影响来决定程序执行的流程，若满足指令规定的条件，则程序转移；否则，程序顺序执行。这类似于高级语言中选择语句，只有 IF 子句，无 ELSE 子句。

条件转移指令的转移范围为段内短转移或段内近程转移，不允许段间转移。段内短转移(short)的转移偏移值范围为－128～＋127。段内近程转移，在 16 位指令模式下转移偏移值范围为$-2^{15}\sim+2^{15}-1$，在 32 位指令模式下转移偏移值范围为$-2^{31}\sim+2^{31}-1$。

条件转移指令包括单标志位条件转移、无符号数比较条件转移、带符号数比较条件转移和测试 CX 条件转移 4 类。

格式：

```
JCC TARGET
```

功能：若测试条件‘CC’为真，则转移到目标地址 TARGET 处执行程序，否则顺序执行。

(1) 单标志位条件转移指令，如表 3-5 所示。

【例 3-40】

```
JZ NEXT                          ；若标志 ZF = 1 则转移到标号 NEXT 处执行
```

(2) 无符号数比较条件转移，如表 3-6 所示。

【例 3-41】

```
JA NEXT                          ；无符号数 A 与 B 比较，若 A>B 则转移到标号 NEXT 处执行程序
```

(3) 带符号数比较条件转移，如表 3-7 所示。

【例 3-42】

```
JG NEXT                          ；带符号数 A 与 B 比较，若 A>B 则转移到标号 NEXT
```

(4) 测试 CX 条件转移，如表 3-8 所示。

表 3-5 单标志位条件转移指令

助记符	判断条件	说　明	助记符	判断条件	说　明
JO	OF=1	溢出则转移	JNZ/JNE	ZF=0	非零/不等于则转移
JNO	OF=0	无溢出转移	JP/JPE	PF=1	奇偶位为 1 则转移
JS	SF=1	负数则转移	JNP/JPO	PF=0	奇偶位为 0 则转移
JNS	SF=0	正数则转移	JC/JB/JNAE	CF=1	进位/低于/不高于或等于转移
JZ/JE	ZF=1	0/等于则转移	JNC/JNB/JAE	CF=0	无进位/不低于/高于或等于转移

表 3-6 无符号数比较条件转移指令

助记符	判断条件	说　明
JA/JNBE	CF∨ZF=0	高于/不低于且不等于转移
JAE/JNB	CF=0	高于等于/不低于转移
JB/JNAE	CF=1	低于/不高于且不等于转移
JBE/JNA	CF∨ZF=1	低于等于/不高于转移

表 3-7 带符号数比较条件转移指令

助 记 符	判断条件	说 明
JL/JNGE	SF ∀OF=1	< 即小于/不大于或等于则转移
JNL/JGE	SF ∀OF=0	≥ 即不小于/大于或等于则转移
JLE/JNG	(SF ∀OF) ∨ ZF=1	≤ 即小于或等于/不大于则转移
JNLE/JG	(SF ∀OF) ∨ ZF=0	> 即不小于或等于/大于则转移

表 3-8 测试 CX 条件转移指令

助 记 符	判断条件	说 明
JCXZ	(CX)=0	CX 内容为 0 则转移，转移范围 -128～+127
JECXZ	(ECX)=0	ECX 内容为 0 则转移，转移范围 -128～+127

【例 3-43】

```
JCXZ TARGET                    ; CX = 0 转移到标号 TARGET 处
JECXZ TARGET                   ; ECX = 0 转移到标号 TARGET 处
```

条件转移指令一般紧跟在 CMP 或 TEST 指令之后，判断执行 CMP 或 TEST 指令对标志位的影响来决定是否转移。

【例 3-44】 符号函数

$$f(X)=\begin{cases}-1, & X<0\\ 0, & X=0\\ 1, & X>0\end{cases}$$

假设 x 为某值且存放在寄存器 AL 中，试编程将求出的函数值 f(x)存放在 AH 中。程序如下：

```
                                     -1,   X<0
; EX344.ASM  跳转指令的使用 f(X) =  {  0,   X = 0
                                      1,   X>0
    .MODEL TINY                  ; 精简模式的编程模式
    .DATA                        ; 数据段的定义
       X DB - 8
    .CODE                        ; 代码段的定义
   STARTUP:
       MOV AX,@DATA              ; 预定义符@DATA 取出数据段的段地址
       MOV DS,AX
       MOV AL,X                  ;(AL)←(X)
       CMP AL,0                  ;X 与 0 比较大小
       JGE BIG                   ; 若 X>= 0,则跳到标号为 BIG 的语句处执行
       MOV AL,0FFH               ; 若 X<0,则(AL)← - 1,并跳到 DONE 处执行
       JMP DONE
     BIG:   JE DONE              ; 若 X == 0,则跳到 DONE 处执行
       MOV AL,1                  ; X>0,(AL)←1
     DONE: MOV AH,AL
       MOV AX,4C00H              ; 返回 DOS 环境
       INT 21H
   END   STARTUP
```

【例 3-45】 编程实现把 BX 寄存器内的二进制数用十六进制数的形式在屏幕上显示出来。

程序如下：

```
;EX345.ASM 跳转指令实现二到十六进制的转换
  .MODEL TINY
  .CODE
  STARTUP:
          MOV BX,1001010101000111B ;为了简化程序,直接在BX寄存器中放入要转换的数据
          MOV CH,4                 ;设置每4位为一组
   AGAIN:   MOV CL,4
            ROL BX,CL              ;循环左移,把BX中的最高4位移动到最右边
            MOV AL,BL
            AND  AL,0FH            ;屏蔽掉AL的高4位,只取原有数据的最高4位
            ADD  AL,30H            ;数字数据转换为对应的数据字符,便于输出
            CMP  AL,3AH
            JB NEXT                ;字符值比3AH小,直接输出
            ADD  AL,07H            ;若转换为的字符比9大,则转换为字符A—F
    NEXT:   MOV DL,AL              ;输出DL中的字符
            MOV AH,2
            INT 21H
            DEC CH
            JNZ AGAIN

            MOV AX,4C00H
            INT 21H
  END STARTUP
```

3.5.2 循环控制指令

这类指令用(E)CX计数器中的内容控制循环次数,先将循环计数值存放在(E)CX中,每循环一次(E)CX内容减1,直到(E)CX为0时循环结束。循环指令不影响条件码。

格式：

```
LOOPcc TARGET
```

功能：将(E)CX内容减1,不影响标志位,若(E)CX不等于0,则转移到目标地址TARGET处执行程序。转移范围为－128～＋127。

执行的操作：(COUNT Reg)←(COUNT Reg)－1。检查是否满足测试条件,若满足,则转移到目标地址TARGET处执行程序；若不满足,则顺序执行下一条指令。

具体的三种格式为：

格式1：

```
LOOP TARGET
```

测试条件：计数器(E)CX的内容不为0。

格式2：

```
LOOPZ(LOOPE) TARGET
```

测试条件：ZF＝1且计数器(E)CX的内容不为0。

格式 3:

```
LOOPNZ(LOOPNE) TARGET
```

测试条件:ZF=0 且计数器(E)CX 的内容不为 0。

【例 3-46】 计算 $\sum_{i=0}^{10} i$。

```
; EX346.ASM 循环指令的使用 ∑(i=0..10) i
  .MODEL TINY
  .CODE
    START:
          XOR AX,AX
          MOV DX,1
          MOV CX,10                   ;设置计数器 CX,从 1 累加到 10
    SUM:
          ADC AX,DX                   ;部分累加和放在 AX 寄存器中
          INC DX                      ;判断测试条件 CX ≠ 0 是否成立,若成立则继续累加
          LOOP SUM                    ;不成立,退出循环,顺序执行下一条指令
          MOV AX,4C00H
          INT 21H
    END START
```

【例 3-47】 找出以 ARRAY 为首地址的 100 个字数组中的第一个非 0 项,送 DX 寄存器中。

```
;EX347.ASM   用循环指令在数组中查找非 0 项
.MODEL SMALL
.DATA
   ARRAY DW 0,0,23,21,32,23,90,0,67,54
.STACK   100H
.CODE
   START:
       PUSH DS
       SUB AX,AX
        PUSH AX
        MOV AX,@DATA
        MOV DS,AX
        MOV CX,10                      ;数组长度存入计数器
        LEA BX,ARRAY
        MOV SI,-2
    SEARCH:
        INC SI
        INC SI
        CMP WORD PTR [BX+SI],0         ;各元素依次与 0 比较,遇到非 0 项或比较次数超过数组长度
                                       ;停止比较
        LOOPZ    SEARCH
        MOV DX,[BX+SI]                 ;非 0 值存入 DX 寄存器
        MOV AX,4C00H
        INT 21H
 END START
```

3.6 串操作指令

80x86 提供字符串的操作。串指连续存放在存储器中的一些数据字节、字或双字。串操作允许程序对连续存放的数据块进行操作。

串操作通常以 DS:(E)SI 来寻址源串，以 ES:(E)DI 来寻址目的串，对于源串允许用段跨越前缀来修改数据段寄存器名。(E)SI 或(E)DI 这两个地址指针在每次串操作后，都自动进行修改，以指向串中下一个元素。地址指针修改是增量还是减量由方向标志来规定。当 DF=0，(E)SI 及(E)DI 的修改为增量；当 DF=1，(E)SI 及(E)DI 的修改为减量。根据串元素类型不同，地址指针增减量也不同，在串操作时，字节类型 SI，DI 加、减 1；字类型 SI，DI 加、减 2；双字类型 ESI，EDI 加、减 4。

3.6.1 重复前缀指令

如果需要连续进行串操作，通常加重复前缀。重复前缀可以和任何串操作指令组合，形成复合指令，如表 3-9 所示。

表 3-9　重复前缀指令

指令格式	判断条件	执行的操作
REP	(Count Reg) ≠ 0	计数器减 1，当计数器的值不为 0 时重复操作
REPE/REPZ	(Count Reg) ≠ 0 ∧ ZF=1	计数器减 1，当计数器的值不为 0 并且比较的结果相等时重复操作
REPNE/REPNZ	(Count Reg) ≠ 0 ∧ ZF=0	计数器减 1，当计数器的值不为 0 并且比较的结果不相等时重复操作

3.6.2 方向标志指令

格式：

```
CLD/STD
```

功能：CLD 为清除方向标志，即将 DF 置 0，地址从低到高。STD 为设置方向标志，即将 DF 置 1，地址方向从高到低。

3.6.3 串传送指令

基本格式：

```
[REP] MOVS DESTS,SRCS      ; 在操作数中指明是字节、字、双字
[REP] MOVSB  (字节)        ; 指令表明是字节操作
[REP] MOVSW  (字)          ; 指令表明是字操作
[REP] MOVSD  (双字)        ; 指令表明是双字操作
```

功能：将 DS:(E)SI 存储单元中的源串复制到 ES:(E)DI 存储单元的目的串中，同时

根据方向标志及数据格式对源变址寄存器和目的变址寄存器进行修改。MOVS 指令的寻址方式是隐含的，源串必须在数据段中，目的串必须在附加段中，但是源串可以用段跨越前缀来修改。在与 REP 指令连用时，还必须先把数据串的长度值送到计数寄存器中，以便结束指令，所以，在执行该指令前先做好以下准备工作：

(1) 把存放在数据段中的源串首地址(若是反向传递则是末地址)放入源变址寄存器中。

(2) 把要存放数据串附加段中的目的串首地址(若是反向传递则是末地址)放入目的变址寄存器中。

(3) 把数据段长度放入计数寄存器。

(4) 建立方向标志。

(5) 使用 MOVS 等指令实现数据串的复制操作。

该指令对标志位无影响。

如果加重复前缀 REP，则可以实现连续存放的数据块的传送，直到(E)CX=0 为止。

在 16 位指令模式下，使用 SI、DI、CX 寄存器；在 32 位指令模式下，使用 ESI、EDI、ECX 寄存器。

【例 3-48】 在数据段中有一字符串，要求把它们传送到附加段的缓冲区中。

程序如下：

```
;EX348.ASM  把字符串从源缓冲区复制到目的缓冲区，用完整的段定义方式书写程序
DATAREA SEGMENT    ;定义数据段作为源缓冲区、字符串以 $ 结束，可以用 21H 号中断的 9 号功能输出
   MESS1  DB 'PERSONAL COMPUTER','$'
DATAREA ENDS
EXTRA   SEGMENT                          ;定义附加段作为目的缓冲区
   MESS2  DB 18 DUP(?)
EXTRA   ENDS
CODE SEGMENT                             ;定义代码段
MAIN PROC FAR                            ;定义主过程
   ASSUME CS:CODE,DS:DATAREA,ES:EXTRA    ;把段寄存器和定义的各个段对应起来
START:
     PUSH DS                             ;保护原有的数据段寄存器内容
     XOR AX,AX                           ;存储 0 作为新的堆栈段的开始
     PUSH AX
     MOV AX,DATAREA                      ;取出数据段 DATAREA 的首地址存入 DS 寄存器
     MOV DS,AX
     MOV AX,EXTRA                        ;取出附加段 EXTRA 的首地址存入 ES 寄存器
     MOV ES,AX
     CLD                                 ;设置字符串传送方向
     MOV CX,18                           ; 设置字符串传送个数
     LEA SI,MESS1                        ;源串地址送入 SI 寄存器中
     LEA DI,MESS2                        ;目的串地址送入 DI 寄存器中
     REP MOVSB                           ;循环传送字符直至计数器 CX 的值为 0
     MOV AX,EXTRA                        ;输出目的串的内容
     MOV DS,AX
     MOV DX,OFFSET MESS2
     MOV AH,9
     INT 21H
```

```
        RET                            ;返回 DOS
    MAIN ENDP                          ;主过程结束
    CODE ENDS                          ;代码段结束
        END START                      ;汇编程序结束
```

指令 REP MOVSB 的执行情况如图 3-13 所示。

预置情况			执行一次MOVSB指令后			执行完REP MOVSB指令后		
(DS)=2000H		20000H	(DS)=2000H		20000H	(DS)=2000H		
	⋮			⋮			⋮	
(SI)=1500H	p	21500H		p	21500H		p	21500H
	e	21501H	(SI)=1501H	e	21501H		e	21501H
	r	21502H		r	21502H		r	21502H
	⋮			⋮		(SI)=1511H	⋮	
(ES)=3000H		30000H	(ES)=3000H		30000H	(ES)=3000H		30000H
	⋮			⋮			⋮	
(DI)=0200H		30200H		p	30200H		p	30200H
		30201H	(DI)=0201H		30201H		e	30201H
		30202H			30202H		r	30202H
DF=0	⋮			⋮		(DI)=0211H	⋮	
(CX)=?			(CX)=16			(CX)=0		

图 3-13 指令 REP MOVSB 的执行情况

3.6.4 串比较指令

基本格式：

```
[REPE/Z]      CMPS DESTS,SRCS             ; 字符相同且(CX)≠0 则继续比较
[REPNZ/NE]    CMPS DESTS,SRCS             ; 字符不相同且(CX)≠0 则继续比较
[REPE/Z]      CMPSB/CMPSW/CMPSD           ; 字符相同且(CX)≠0 则继续比较
[REPNZ/NE]    CMPSB/CMPSW/CMPSD           ; 字符不相同且(CX)≠0 则继续比较
```

功能：由 DS:(E)SI 指定的源串元素减去 ES:(E)DI 指定的目的串元素，结果不回送，仅根据比较的结果设置标志位 CF、AF、PF、OF、ZF、SF。当源串元素与目的串元素值相同时，ZF=1；否则，ZF=0。每执行一次串比较指令，根据 DF 的值和串元素数据类型自动修改(E)SI 和(E)DI。

在串比较指令前加重复前缀 REPE/Z,则表示重复比较两个字符串,若两个字符串的元素相同则继续比较直到(E)CX=0 为止,否则结束比较。在串比较指令前加重复前缀 REPNE/NZ,则表示若两个字符串元素不相同时,重复比较直到(E)CX=0 为止,否则结束比较。

【例 3-49】 编程实现两个串元素比较,如相同则输出"match!"信息,否则输出目的串中第一个不同的字符。

```
;EX349.ASM 两个字符串元素比较。可以更改 MESS1 和 MESS2 的内容,查看不同的运行结果
DATAREA SEGMENT                              ;定义数据段
   MESS1  DB 'PERSONAL COMPUTER','$'         ;定义源串的内容
   MESS3  DB 'MATCH!','$'
DATAREA ENDS

EXTRA   SEGMENT
   MESS2  DB 'PERSONAL COMPUTER','$'         ;定义目的串的内容
EXTRA   ENDS

CODE SEGMENT
MAIN PROC FAR
     ASSUME CS:CODE,DS:DATAREA,ES:EXTRA
START:
     PUSH DS
     XOR AX,AX
     PUSH AX

     MOV AX,DATAREA                          ;源串所在段的段地址存入 DS 寄存器
     MOV DS,AX

     MOV AX,EXTRA                            ;目的串所在段的段地址存入 ES 寄存器
     MOV ES,AX

                                             ;------ REP CMPSB --------------
     CLD
     MOV CX,19
     LEA SI,MESS1                            ;源串所在段内偏移地址存入 SI 寄存器
     LEA DI,MESS2                            ;目的串所在段内偏移地址存入 DI 寄存器
     REPE CMPSB                              ;两个串对应字节内容相同则继续比较

     CMP CX,0                                ;是否比较到串结尾
     JNZ CON                                 ;(CX)≠0,说明有不同的字符出现
     MOV DX,OFFSET MESS3                     ;比较到结尾,说明两个字符串相同
     MOV AH,9                                ;输出 MESS3 中的字符串
     INT 21H

 CON: DEC DI
     MOV AH,2                                ;输出目的串中第一个不同的字符
     MOV DL,ES:[DI]
     INT 21H

     RET
```

```
MAIN ENDP
CODE ENDS
     END START
```

3.6.5 串扫描指令

格式：

```
[REPE/Z]   SCAS DESTS          ；字符相同且(CX)≠0 则继续扫描(AX)和 DESTS
[REPNE/NZ] SCAS DESTS          ；字符不相同且(CX)≠0 则继续扫描(AX)和 DESTS
[REPE/Z] SCASB/SCASW/SCASD
                        ；字符相同且(CX)≠0 则继续扫描(Ac)和 DESTS,Ac 指 AL、AX 或 EAX 寄存器
[REPNE/NZ] SCASB/SCASW/SCASD
                        ；字符不相同且(CX)≠0 则继续扫描(Ac)和 DESTS,Ac 指 AL、AX 或 EAX 寄存器
```

功能：把 AL,AX 或 EAX 的内容与 ES：(E)DI 规定的目的串元素进行比较，由 AL、AX 或 EAX 的内容减去 ES：(E)DI 规定的目的串元素，结果不回送，仅影响标志位 CF、AF、PF、SF、OF,ZF。当 AL、AX 或 EAX 的值与目的串元素值相同时，ZF=1；否则 ZF=0。每执行一次串扫描指令，根据 DF 的值和串元素数据类型自动修改(E)DI。

在串扫描指令前加重复前缀 REPE/Z,则表示目的串元素值和累加器值相同时重复扫描，直到 CX/ECX=0 为止，否则结束扫描。若加重复前缀 REPNE/NZ,则表示当目的串元素值与累加器值不相等时，重复扫描直到 CX/ECX=0 时为止，否则结束扫描。

该指令影响标志位为 CF、AF、PF、SF、OF、ZF。

【例 3-50】 在内存 DEST 开始的 6 个单元寻找字符‘C’，如找到将字符‘C’的地址送 ADDR 单元，否则 0 送 ADDR 单元。

```
;EX350.ASM 在字符串中查找一指定元素，并将找到的地址送入某单元
DATAREA SEGMENT                 ;定义数据段
   MESS1  DB  'ABCDEF'          ;定义要查找的源字符串
   ADDR   DW  ?
DATAREA ENDS
CODE SEGMENT
MAIN PROC FAR
     ASSUME CS:CODE,DS:DATAREA
START:
     PUSH DS
     XOR AX,AX
     PUSH AX

     MOV AX,DATAREA
     MOV ES,AX                  ;源串所在段的段地址存入 ES 寄存器
     MOV DS,AX
                                ;------ REPNE SCASB --------------
     CLD
     MOV CX,6                   ;查找的字符串的长度
     LEA DI,MESS1               ;源串所在段内偏移地址存入 DI 寄存器
     MOV AL,'C'                 ;要查找的字符存入 AL 寄存器
     REPNE SCASB                ;扫描(AL)与(ES:DI) 的内容,对应字节内容不相同则继续查找
```

```
    JZ QUIT                    ;ZF = 1 即查找到,则跳转到 QUIT 处记录字符位置
    MOV DI,0                   ; ZF = 0,说明未查找到相应的字符,则 DI 置 0
    JMP DONE

  QUIT:DEC DI
  DONE: MOV ADDR,DI            ;把位置标志送入 ADDR 存储单元中

    RET
MAIN ENDP
CODE ENDS
    END START
```

3.6.6 串装入指令

格式：

```
LODS SRCS
LODSB/LODSW/LODSD
```

功能：将 DS：SI/ESI 所指的源串元素装入累加器(AL、AX,EAX)中,并根据方向标志和数据类型修改源变址寄存器 SI/ESI 的内容。该指令一般不和 REP 指令连用,但可以和 LOOP 指令连用实现重复操作,并且不影响标志位。

3.6.7 串存储指令

格式：

```
[REP] STOS DESTS
[REP] STOSB/STOSW/STOSD
```

功能：将累加器(AL,AX,EAX)中的值存入 ES：DI/EDI 所指的目的串存储单元中,并且每存储一次,根据方向标志和数据类型修改源变址寄存器 SI/ESI 的内容。若加重复前缀 REP,则表示将累加器的值连续送目的串存储单元,直到 CX/ECX=0 时为止。

该指令不影响标志位。

3.7 逻辑运算指令

3.7.1 逻辑指令

1. 逻辑与指令 AND

格式：

```
AND DEST,SRC
```

功能：目的操作数和源操作数按位进行逻辑与运算,结果存目的操作数中。源操作数可以是通用寄存器、存储器或立即数。目的操作数可以是通用寄存器或存储器操作数。

AND 指令常用于将操作数中某位清 0(称屏蔽),只需将要清 0 的位与 0,其他不变的位与 1 进行逻辑与操作即可。

【例 3-51】 AND 指令的使用。

```
AND AL,0FH  ;将 AL 中高 4 位清 0,低 4 位保持不变
```

AND 指令影响标志位为 SF、ZF、PF,并且使 OF=CF=0。

2. 逻辑或指令 OR

格式:

```
OR DEST,SRC
```

功能:目的操作数和源操作数按位进行逻辑或运算,结果存目的操作数中。源操作数可以是通用寄存器、存储器或立即数。目的操作数可以是通用寄存器或存储器操作数。

OR 指令常用于将操作数中某位置 1,只需将要置 1 的位与 1 进行或运算,其他不改变的位与 0 进行或运算。

【例 3-52】 OR 指令的使用。

```
OR AL,80H                ;将 AL 中最高位置 1
```

OR 指令影响标志位为 SF、ZF、PF,并且使 OF=CF=0。

3. 逻辑异或指令 XOR

格式:

```
XOR DEST,SRC
```

功能:目的操作数和源操作数按位进行逻辑异或运算,结果送目的操作数。源操作数可以是通用寄存器、存储器或立即数。目的操作数可以是通用寄存器或存储器操作数。

XOR 指令常用于将操作数中某些位取反,只需将要取反的位异或 1,其他不改变的位异或 0 即可。

【例 3-53】 XOR 指令的使用。

```
XOR AL,0FH               ;将 AL 中低 4 位取反,高 4 位保持不变
```

XOR 指令影响标志位为 SF、ZF、PF,并且使 OF=CF=0。

4. 逻辑非指令 NOT

格式:

```
NOT DEST
```

功能:对目的操作数按位取反,结果回送目的操作数。目的操作数可以为通用寄存器或存储器。

【例 3-54】 NOT 指令的使用。

```
NOT EAX
```

```
NOT BYTE PTR [BX]
```

NOT 指令对标志位无影响。

5. 测试指令 TEST

格式：

```
TEST DEST,SRC
```

功能：目的操作数和源操作数按位进行逻辑与操作，结果不回送目的操作数。源操作数可以为通用寄存器、存储器或立即数。目的操作数可以为通用寄存器或存储器操作数。

【例 3-55】 TEST 指令的使用。

```
TEST DWORD PTR [BX],80000000H
TEST AL,CL
```

TEST 指令常用于测试操作数中某位是否为 1，而且不会影响目的操作数。如果测试某位的状态，对某位进行逻辑与 1 的运算，其他位逻辑与 0，然后判断标志位。运算结果为 0，ZF＝1，表示被测试位为 0；否则 ZF＝0，表示被测试位为 1。

TEST 指令影响标志位为 SF、ZF、PF，并且使 OF＝CF＝0。

3.7.2 移位指令

移位指令对操作数按某种方式左移或右移，移位位数可以由立即数直接给出，或由 CL 间接给出。移位指令分一般移位指令和循环移位指令，如表 3-10 所示，每个指令执行的操作如图 3-14 所示。

表 3-10 移位指令

指 令	说 明
SHL(shift logical left)	逻辑左移
SHR(shift logical right)	逻辑右移
SAL(shift arithmetric left)	算术左移
SAR(shift arithnmetric right)	算术右移
ROL(rotat left)	循环左移
ROR(rotat right)	循环右移
RCL(rotat left through carry)	带进位循环左移
RCR(rotat right through carry)	带进位循环右移
SHLD(shift left double)	双精度左移
SHRD(shift right double)	双精度右移

1. 一般移位指令

1) 算术/逻辑左移指令

格式：

```
SAL DEST,OPRD
SHL DEST,OPRD
```

功能：按照操作数 OPRD 规定的移位位数，对目的操作数进行左移操作，最高位移入 CF 中。每移动一位，右边补一位 0。目的操作数可以为通用寄存器或存储器操作数。

SAL，SHL 指令影响标志位 OF、SF、ZF、PF、CF。左移 n 位，相当于原数据乘以 2^n。

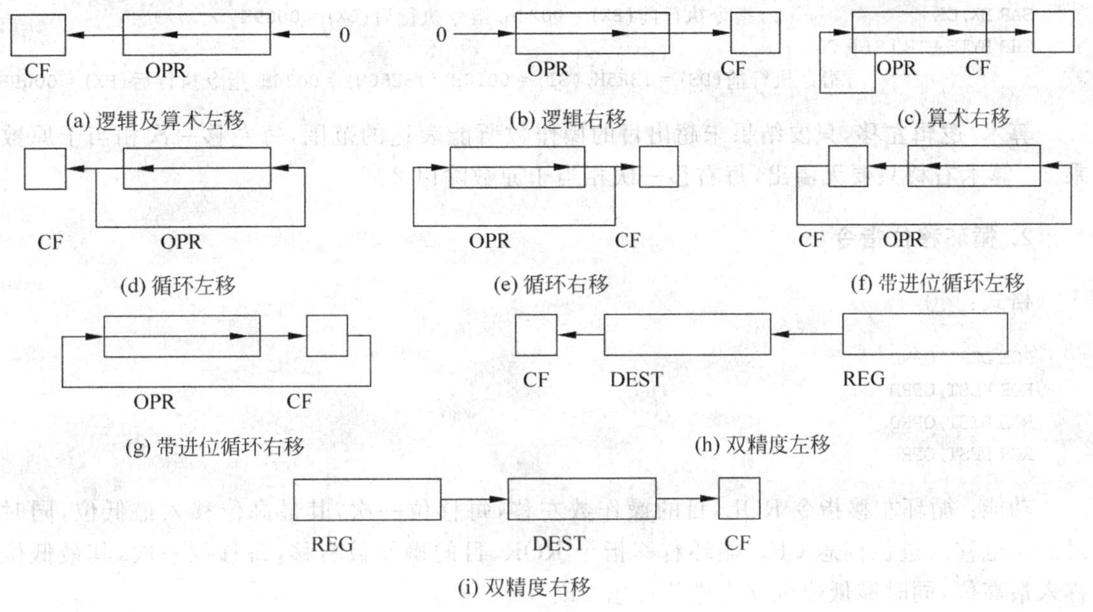

图 3-14　移位指令的操作

【例 3-56】 逻辑左移指令的使用。

```
MOV CL,2
SHL WORD PTR [DI],CL
```

指令执行前，(DS)＝0F800H，(DI)＝18OAH，(0F980A)＝0064H。

指令执行后，(0F980A)＝0190H。等价于 0064H×2^2d＝100d×4d＝400d。

```
SAL BX,CL                        ;指令执行前(BX) = 0064H,指令执行后(BX) = 0190H
```

2）算术右移指令

格式：

```
SAR DEST,OPRD
```

功能：按照操作数 OPRD 规定的移位次数，对目的操作数进行右移操作，最低位移至 CF 中，最高位(即符号位)保持不变。目的操作数可以为通用寄存器或存储器操作数。

SAR 指令影响标志位有 OF、SF、ZF、PF、CF。

3）逻辑右移指令

格式：

```
SHR DEST,SRC
```

功能：按照操作数 OPRD 规定的移位位数，对目的操作数进行右移操作，最低位移至 CF 中。每移动一位，左边补一位 0。目的操作数可以为通用寄存器或存储器操作数。

SHR 指令影响标志位有 OF、SF、ZF、PF、CF。

【例 3-57】 逻辑右移指令的使用。

```
MOV CL,2
SAR BX,CL                    ;指令执行前(BX) = 0024H,指令执行后(BX) = 0009H
SHR BYTE PTR [SI],CL
                 ;指令执行前(DS) = 13E5H,(SI) = 0010H,(13E60H) = 0024H,指令执行后(BX) = 0009H
```

算术/逻辑左移,只要结果未超出目的操作数所能表达的范围,每左移一次相当于原数乘 2。算术右移只要无溢出,每右移一次相当于原数除以 2。

2. 循环移位指令

格式:

```
ROL DEST,OPRD
ROR DEST,OPRD
RCL DEST,OPRD
RCR DEST,OPRD
```

功能:循环左移指令 ROL,目的操作数左移,每移位一次,其最高位移入最低位,同时最高位也移入进位标志 CF。循环右移指令 ROR,目的操作数右移,每移位一次,其最低位移入最高位,同时最低位也移入进位标志 CF。

带进位循环左移指令 RCL,目的操作数左移,每移动一次,其最高位移入进位标志 CF,CF 移入最低位。带进位循环右移指令 RCR,目的操作数右移,每移动一次,其最低位移入进位标志 CF,CF 移入最高位。

目的操作数可以为通用寄存器或存储器操作数。循环移位指令影响的标志位有 CF、OF,其他标志位无定义。

【例 3-58】 循环移位指令的使用。

```
MOV CL,4
ROL AL,CL                    ;指令执行前(AL) = 1DH,指令执行后(AL) = D1H
ROR BX,CL                    ;指令执行前(BX) = 001DH,指令执行后(BX) = D001H
RCR BYTE PTR [SI],CL
;指令执行前(DS) = 13E5H,(SI) = 0000H,(DS:SI) = (13E50H) = 1234H,BYTE PTR [SI] = 34H
;指令执行后(DS:SI) = (13E50H) = 1283H,BYTE PTR [SI] = 83H
```

【例 3-59】 将一个两位数压缩的 BCD 码转换成二进制数。

```
;EX359.ASM  将一个两位数压缩的 BCD 码转换成二进制数
    .MODEL SMALL
    .DATA
        X1 DB 01011101B
        X2 DB ?
    .CODE
        START:
        PUSH DS
        MOV AX,0
        PUSH AX
```

```
        MOV AX,@DATA
        MOV DS,AX

        MOV AL,X1
        MOV BL,AL
        AND BL,0FH          ;把 X1 的高 4 位屏蔽掉,只保留低 4 位
        AND AL,0F0H         ;把 X1 的低 4 位屏蔽掉,只保留高 4 位
        MOV CL,4
        ROR AL,CL           ;把 AL 中的高 4 位移动到最低 4 位
        MOV BH,0AH
        MUL BH
        ADD AL,BL
        MOV X2,AL
        MOV AX,4C00H
        INT 21H
    END  START
```

3. 双精度移位指令

格式：

```
SHLD DEST,SRC,OPRD
SHRD DEST,SRC,OPRD
```

功能：对于由目的操作数 DEST 和源操作数 SRC 构成的双精度数，按照操作数 OPRD 给出的移位位数，进行移位。SHLD 是对目的操作数进行左移，SHRD 是对目的操作数进行右移。先移出位送标志位 CF，另一端空出位由 SRC 移入 DEST 中，而 SRC 内容保持不变。目的操作数可以是 16 位或 32 位通用寄存器或存储器操作数。源操作数 SRC 允许为 16 位或 32 位通用寄存器。操作数 OPRD 可以为立即数或 CL。目的操作数和源操作数 SRC 数据类型必须一致。

SHLD、SHRD 指令常用于位串的快速移位、嵌入和删除等操作，影响标志位为 SF、ZF、PF、CF，其他标志位无定义。

3.7.3　位操作指令

位操作指令包括位测试和位扫描指令，可以直接对一个二进制位进行测试、设置和扫描。

1. 位测试和设置指令

格式：

```
BT DEST,SRC   ；将 SRC 指定的 DEST 中一位的数值复制到 CF
BTC DEST,SRC ；将 SRC 指定的 DEST 中的一位数值复制到 CF,且将 DEST 中该位取反
BTR DEST,SRC ；将 SRC 指定的 DEST 中的一位数值复制到 CF,且将 DEST 中该位复位
BTS DEST,SRC ；将 SRC 指定的 DEST 中一位数值复制到 CF,且将 DEST 中该位置位
```

功能：按照源操作数指定的位号，测试目的操作数，当指令执行时，被测试位的状态被

复制到进位标志 CF。

目的操作数为 16 位或 32 位通用寄存器或存储器,源操作数为 16 位或 32 位通用寄存器,以及 8 位立即数。当源操作数为通用寄存器时,必须同目的操作数类型一致。源操作数 SRC 以两种方式给出目的操作数的位号:

- SRC 为 8 位立即数,以二进制形式直接给出要操作的位号;
- SRC 为通用寄存器,如果 DEST 为通用寄存器,则 SRC 中二进制值直接给出要操作的位号。如果 DEST 为存储器操作数,通用寄存器 SRC 为带符号整数,SRC 的值除以 DEST 的长度所得到的商作为 DEST 的相对偏移量,余数直接作为要操作的位号。DEST 的有效地址为 DEST 给出的偏移地址和 DEST 相对偏移量之和。

BT、BTC、BTR、BTS 指令影响 CF 标志位,其他标志位无定义。

【例 3-60】 位测试指令的使用。

```
MOV AX,1234H ;(AX) =  0001 0010 0011 0100,最右边第 0 位
MOV CX,5
BT AX,CX       ; CF = 1,(AX) = 1234H
BTC AX,CX      ; CF = 1,(AX) = 1214H  =  0001 0010 0001 0100
BTS AX,CX;     ; CF = 0,(AX) = 1234H
BTR AX,CX      ; CF = 1,(AX) = 1214H
```

2. 位扫描指令

格式:

```
BSF   DEST,SRC
BSR   DEST,SRC
```

功能:BSF 从低位开始自右向左扫描源操作数,目的是检索第一个为 1 的位。若所有位都是 0,则 ZF=1,目的寄存器无定义;否则 ZF=1,并且将第一个出现 1 的位号存入目的操作数。BSR 从高位开始自左向右扫描源操作数,若所有位都是 0,则 ZF=1,目的寄存器无定义;否则 ZF=0,并且将第一个出现 1 的位号存入目的操作数。

源操作数可以为 16 位、32 位通用寄存器或存储器。目的操作数为 16 位或 32 位通用寄存器。源操作数和目的操作数类型必须一致。

BSF,BSR 指令影响 ZF 标志位,其他标志位无定义。

【例 3-61】 位扫描指令的使用。

```
MOV EBX,0F333EE00H
BSR EAX,EBX   ; ZF = 0,EAX = 0000001FH = 31
BSF EDX,EBX   ; ZF = 0,EDX = 00000009H
```

3. 进位标志指令

(1) 格式为 CLC。功能是,清除进位标志,CF←0。

(2) 格式为 STC。功能是,设置进位标志,CF←1。

(3) 格式为 CMC。功能是,进位标志取反,CF←CF 求反。

3.8 输入输出指令

3.8.1 IN 输入指令

功能：根据源操作数 SRC 给出的端口地址，将操作数从指定端口传送到目的操作数 DEST 处，其中 DEST 为 AL，AX 或 EAX，端口地址 SRC 可以直接给出 8 位端口地址，或由 DX 寄存器以间接形式给出。

1. 长格式：

```
IN  AL,PORT                                  ;（字节）
IN  AX,PORT                                  ;（字）
IN  EAX,PORT                                 ;（双字）
```

执行的操作：

```
(AL)←(PORT)                                  ;（字节）
(AX)←(PORT+1,PORT)                           ;（字）
(EAX)←(PORT+3,PORT+2,PORT+1,PORT)            ;（双字）
```

2. 短格式

```
IN  AL,DX                                    ;（字节）
IN  AX,DX                                    ;（字）
IN  EAX,DX                                   ;（双字）
```

执行的操作：

```
(AL)←((DX))                                  ;（字节）
(AX)←((DX)+1,(DX))                           ;（字）
(EAX)←((DX)+3,(DX)+2,(DX)+1,(DX))            ;（双字）
```

【例 3-62】 IN 指令的使用。

```
IN AL,10H        ；取出端口 10 的一个字节的内容送到 AL 寄存器
IN AX,20H        ；取出端口 20 的一个字的内容送到 AX 寄存器
IN EAX,30H       ；取出端口 30 的一个双字的内容送到 EAX 寄存器
IN AL,DX         ；以 DX 的内容作为端口号，从该端口中取一个字节的内容送到 AL 寄存器
IN AX,DX         ；以 DX 的内容作为端口号，从该端口中取一个字的内容送到 AX 寄存器
IN EAX,DX        ；以 DX 的内容作为端口号，从该端口中取一个双字的内容送到 EAX 寄存器
```

3.8.2 OUT 输出指令

功能：将源操作数 SRC 送到目的操作数 DEST 所指定的端口。其中，源操作数 SRC 为 AL，AX 或 EAX，目的操作数可以 8 位端口地址方式直接给出或以 DX 寄存器间接方式给出。

1. 长格式

```
OUT   PORT,AL                        ;(字节)
OUT   PORT,AX                        ;(字)
OUT   PORT,EAX                       ;(双字)
```

执行的操作:

```
(PORT)←(AL)                                   ;(字节)
(PORT+1,PORT)←(AX)                            ;(字)
(PORT+3,PORT+2,PORT+1,PORT)←(EAX)             ;双字)
```

2. 短格式

```
OUT   DX,AL                          ;(字节)
OUT   DX,AX                          ;(字)
OUT   DX,EAX                         ;(双字)
```

执行的操作:

```
((DX))←  (AL)                                 ;(字节)
((DX)+1,(DX))←(AX)                            ;(字)
((DX)+3,(DX)+2,(DX)+1,(DX))←(EAX)             ;(双字)
```

注意:

- 所有的I/O端口和CPU之间的通信都有IN和OUT指令来完成,IN完成从I/O到CPU的信息传送,OUT完成从CPU到I/O的信息传送;
- 直接寻址方式端口地址为8位,共有0～255个端口地址;
- 间接寻址方式,只能使用短格式,先把端口号放入DX寄存器中,然后从以DX寄存器的内容为端口号的端口中来传送信息。寻址范围为64KB;
- 每个I/O地址对应的端口的数据长度为8位,传送8位数据占用一个端口地址,传送16位数据占用2个端口地址,传送32位数据占用4个端口地址。

3.8.3 串输入指令

格式:

```
[REP] INS DEST,DX
[REP] INSB、INSW、INSD
```

功能:根据DX给出的端口地址,从外设读入数据送入以ES:DI/EDI为地址的目的串存储单元中,每输入一次,均根据DF的值和串元素类型自动修改DI/EDI的值。若加重复前缀REP,则表示连续从外设输入串元素存入目的串存储单元中,直到CX/ECX=0为止。

执行的操作:

字节的操作:

```
((DEST))←((DX))          ;(字节)
(DEST)←(DEST)±1
```

字的操作：

```
((DEST))←((DX))          ;(字)
(DEST)←(DEST)±2
```

双字的操作：

```
((DEST))←((DX))          ;(双字)
(DEST)←(DEST)±4
```

3.8.4　串输出指令

格式：

```
[REP] OUTS DX,SRCS
[REP] OUTSB/OUTSW/OUTSD
```

功能：将 DS：SI/ESI 所指的源串元素，按照 DX 寄存器指定的端口地址送往外设，每输出一次，均根据 DF 的值和串元素类型自动修改 SI/ESI 的值，若加重复前缀 REP，则表示连续向外设输出串元素，直到 CX/ECX＝0 时为止。

在使用带重复前缀的串输入输出指令时，必须考虑端口的数据准备或接收状态。

所有输入输出指令均不影响标志位。

3.9　处理器控制

3.9.1　总线封锁前缀

格式：

```
LOCK 指令
```

功能：LOCK 为指令前缀，可以使 LOCK 引脚变成逻辑 0，在 LOCK 引脚有效期间，禁止外部总线上的其他处理器存取带有 LOCK 前缀指令的存储器操作数。

可加 LOCK 前缀的指令：

(1) ADD/ADC/SUB/SBB/OR/XOR/AND Mem，Reg/imm。

(2) NOT/NEG/INC/NEC Mem。

(3) XCHG Reg，Mem 或 XCHG Mem，Reg。

(4) BTS/BRT/BTC Mem，Reg/imm。

(5) CMPXCHG，XADD。

Mem 为存储器操作数，Reg 为通用寄存器，imm 为立即数。

3.9.2　空操作

格式：

```
NOP
```

功能：空操作，除使 IP/EIP 增 1 外，不做任何工作。该指令不影响标志位。在调试程序时往往用这条指令占有一定的存储单元，以便在正式运行时用其他指令取代。

3.9.3 处理器等待指令

格式：

```
WAIT
```

功能：检查 BUSY 引脚状态，等待协处理器完成当前工作。

3.9.4 处理器暂停指令

格式：

```
HLT
```

功能：暂停程序的执行。当产生一个外部中断或非屏蔽中断时，才继续执行下一条指令。

3.10 新增指令

3.10.1 80286 新增指令

1. 普通指令

普通指令共 4 条：

PUSHA：把 8 个寄存器值压入堆栈。

POPA：从堆栈中弹出数据恢复 8 个寄存器的值。

INS：字符串输入指令。

OUTS：字符串输出指令。

INS 指令的功能是从指定的端口输入一字符串到指定内存地址中去。可以使用 REP 前缀。

2. 高级指令

高级指令，共 3 条：

ENTER：进入过程，为过程保留堆栈空间和确定过程嵌套级。

LEAVE：退出过程，释放过程所占堆栈空间。

BOUND：检查地址寄存器的值是否在数组边界内。

3. 保护方式指令

这类指令用于实地址模式和保护虚地址模式的切换，并完成保护模式下的一些专门操作，共 16 条指令。

ARPL：调整请求和特权级别。

CLTS：清除任务切换标志位。

LAR：将段描述符中的存取权限装入寄存器。

LGDT：将从指定地址开始的 6 字节装入全局描述符表寄存器中。

LIDT：将从指定地址开始的 6 字节装入中断描述符表寄存器中。

LLDT：将 16 位值装入局部描述符表寄存器。

LMSW：装入机器状态字寄存器。

LSL：将段描述符中的段限值装入寄存器。

LTR：将 16 位值装入任务寄存器。

SGDT：把全局描述符表寄存器的内容存放到内存 6 字节单元。

SIDT：把中断描述符表寄存器的内容存放到内存 6 字节单元。

SLDT：将局部描述符表的 16 位值存入内存或寄存器中。

SMSW：存储机器状态字寄存器的值。

VERR：校验读访问。

VERW：校验写访问。

STR：存储任务寄存器(与 LTR 方向相反)。

3.10.2 80386 新增指令

测试与置位类指令。

该部分指令在 3.7.3 节已经详细介绍过，现总结如下。

格式 1：

```
BT 寄存器或存储器地址,寄存器或立即数
```

功能：位测试指令，用于检查指定位，并将该位复制到进位标志位中。

格式 2：

```
BTR  寄存器或存储器地址,寄存器或立即数
```

功能：位测试且取反指令，用于检查指定位，将该位复制到进位标志位中，并将原指定位取反再置入位。

格式 3：

```
BTR  寄存器或存储器地址,寄存器或立即数
```

功能：位测试且复位指令，用于检查指定位，将该位复制到进位标志位中，并将原指定位复位。

格式 4：

```
BTS  寄存器或存储器地址,寄存器或立即数
```

功能：位测试且置位指令，用于检查指定位，将该位复制到进位标志位中，并将原指定位置位。

3.10.3 80486 新增指令

1. 位扫描指令

格式 1：

BSF 寄存器，寄存器或存储器地址

功能：位扫描指令，它从源寄存器或存储器地址中的数的最低位（第 0 位）开始扫描直到置位位为止，并将该置位位的索引（位号）送入目的寄存器中。

格式 2：

BSR 寄存器，寄存器或存储器地址

功能：位扫描指令，它从源寄存器或存储器地址中的数的最高位（第 31.15 位）开始扫描直到置位位为止，并将该置位位的索引（位号）送入目的寄存器中。

2. 数的传送与扩展指令

格式 1：

MOVSX 寄存器，寄存器或存储器地址

功能：传送有符号数到目的寄存器中，并将符号扩展到操作数的所有位。

格式 2：

MOVZX 寄存器，寄存器或存储器地址

功能：传送无符号数到目的寄存器中，并用 0 进行扩展。

3. 双精度移位指令

格式 1：

SHLD 寄存器或存储器地址，寄存器，CL 或立即数

功能：双精度左移指令，第一个操作数左移 N（第三个操作数指出）位，其右边空出位由第二个操作数的左边 N 位填补，CF 保持第一个操作数最后一次的移出位。

格式 2：

SHRD 寄存器或存储器地址，寄存器，CL 或立即数

功能：双精度右移指令，参见 SHLD。

4. 条件设置类指令

这类指令用于测试指定的标志位所处的状态，根据测试结果，将指定的一个 8 位寄存器或内存单元置 1 或 0：结果为真，8 位寄存器或内存单元置 1；结果为假，8 位寄存器或内存单元置 0。

这类指令有 SETA．SETNBE，还有 SETAE．SETNC、SETB．SETNAE．SETC、SETNA．

SETBE、SETE. SETZ、SETG. SETNLE、SETGE. SETNL、SETL. SETNGE、SETLE. SETNG、SETNE. SETNZ、SETNO、SETNS、SETO、SETP. SETPE、SETPO. SETNP、SETS 等。

5. 字节交换指令 BSWAP

本指令用于将 32 位通用寄存器的双字以字节为单位,高位字节与低位字节进行交换。

6. 比较与交换指令 CMPXCHG

本指令将存放在 8 位、16 位、32 位寄存器或存储器中的第一操作数与累加器 AL、AX、EAX 的内容进行比较: 相等,则 ZF=1,并将存放 8 位、16 位、32 位寄存器中的第二操作数送第一操作数的存储单元; 不相等,则 ZF=0,并将第一操作数送相应累加器。

7. 交换与相加指令 XADD

本指令将存放在 8 位、16 位、32 位寄存器或存储器中的第一操作数与存放在 8 位、16 位、32 位寄存器中的第二操作数相加,结果存入到第一操作数,而将第一操作数存入到第二操作数。

8. cache 管理指令

(1) INVD: 清洗 cache 指令。
(2) WBINVD: 回写和清洗 cache 指令。
(3) INVLPG: 作废 TLB 项指令。

3.10.4 增强功能的指令

1. 转换指令

CDQ: 将 EAX 中带符号的双字转换为 EDX,EAX 中带符号的 4 字,它把 EAX 中的符号位扩展到 EDX 中的所有位来实现转换。

CWDE: 把字转换为双字,即把 AX 中的符号位扩展到 EAX 中的其他位,实现把 AX 中的字转换成 EAX 中的双字的功能。

2. 字符串操作指令

字符串操作指令 CMPSD、INSD、LODSD、MOVSD、OUTSD、SCASD、STOSD。

该组指令是在字符串操作指令 CMPS、INS、LODS、MOVS、OUTS、SCAS、STOS 后加 D,变成了对双字的操作,类似于加 B 对字节操作、加 W 对字操作。寄存器 DS: SI 指向源串,ES:DI 指向目标串。

3. 整数乘指令 IMUL

在 80286 中,IMUL 有两种格式:

```
IMUL  16 位寄存器,立即数
```

```
IMUL 16 位寄存器,16 位存储器,立即数
```

在 80386 中,新增一种格式:

```
IMUL  寄存器,寄存器,存储器      ;注意源和目标操作数位数必须相同
```

4. 堆栈操作指令

在 80286 中,PUSHA:把 8 个寄存器值压入堆栈,POPA:从堆栈中弹出数据恢复 8 个寄存器的值。

上述两个指令对 8 个 16 位的寄存器进行堆栈操作。

在 80386 中要对相应的 8 个 32 位寄存器进行堆栈操作,需使用 PUSHAD、POPAD 指令。在 80386 中要对 32 位的标志寄存器 EFLAG 寄存器进行堆栈操作,需使用 PUSHFD、POPFD 指令。

5. 中断返回指令 IRETD

从堆栈中弹出 32 位的指针,使用 IRETD,以从堆栈中弹出一个双字的指针。

上机实验 2:算术运算符的使用

【实验目的】

(1) 深入理解 Debug 命令中的常用指令,理解指令的含义。

(2) 熟悉常用的各种指令,如算术运算,跳转指令等。

【试验内容】

(1) 参照例 3-30 程序,把以下字符串'20073485HuangAn'(前面是学号后面是名字的拼音)存入数据段中并显示出来,然后实现 w←(x−y+59−z)。

数据段定义如下:

```
DATA SEGMENT
      MYNAME DB '20073485HUANGAN'
      X   DW 1111H,2222H
      Y   DW 3333H,4444H
      Z   DW 5555H,6666H
      W   DW ?,?
DATA ENDS
```

(2) 参照例 3-32 程序,实现 w←(x*y+560−z)/v。

数据段定义如下:

```
DATA SEGMENT
  X   DW 1111H
  Y   DW 2222H
  Z   DW 3333H
  V   DW 9999H
 DATA ENDS
```

(3) 符号函数

$$f(x)=\begin{cases}-1, & x<0\\ 0, & x=0\\ 1, & x>0\end{cases}$$

假设 x 为某值且存放在寄存器 AL 中,试编程将求出的函数值 f(x)存放在 AH 中。

习题 3

3-1 指出下列各种操作数的寻址方式。

(1) [BX] (2) SI

(3) 435H (4) [BP+DI+123]

(5) [23] (6) data (data 是一个内存变量名)

(7) [DI+32] (8) [BX+SI]

(9) [EAX+90] (10) [BP+4]

3-2 已知寄存器 BX、DI 和 BP 的值分别为 1234H、012F0H 和 42H,试分别计算下列各操作数的有效地址。

(1) [BX] (2) [DI+123H]

(3) [BP+DI] (4) [BX+DI+200H]

(5) [1234H] (6) [BX×2+345H]

3-3 假定 DS=1123H,SS=1400H,BX=0200H,BP=1050H,DI=0400H,SI=0500H,LIST 的偏移量为 250H,试确定下面各指令访问内存单元的地址。

(1) MOV AL,[1234H] (2) MOV AX,[BX]

(3) MOV [DI],AL (4) MOV [2000H],AL

(5) MOV AL,[BP+DI] (6) MOV CX,[DI]

(7) MOV EDX,[BP] (8) MOV LIST[SI],EDX

(9) MOV CL,LIST[BX+SI] (10) MOV CH,[BX+SI]

(11) MOV EAX,[BP+200H] (12) MOV AL,[BP+SI+200H]

(13) MOV AL,[SI-0100H] (14) MOV BX,[BX+4]

3-4 按下列要求编写指令序列。

(1) 清除 DH 中的最低三位而不改变其他位,结果存入 BH 中。

(2) 把 DI 中的最高 5 位置 1 而不改变其他位。

(3) 把 AX 中的 0~3 位置 1,7~9 位取反,13~15 位置 0。

(4) 检查 BX 中的第 2、第 5 和第 9 位中是否有一位为 1。

(5) 检查 CX 中的第 1、第 6 和第 11 位中是否同时为 1。

(6) 检查 AX 中的第 0、第 2、第 9 和第 13 位中是否有一位为 0。

(7) 检查 DX 中的第 1、第 4、第 11 和第 14 位中是否同时为 0。

3-5 选择适当的指令实现下列功能。

(1) 右移 DI 三位,并把 0 移入最高位。

(2) 把 AL 左移一位,使 0 移入最低一位。

(3) AL 循环左移三位。

(4) EDX 带进位位循环右移 4 位。

(5) DX 右移 6 位,且移位前后的正负性质不变。

3-6 假设(DS)=2000H,(BX)=0100H,(SI)=0002H,(20100)=12H,(20101)=34H,(20102)=56H,(20103)=78H,(21200)=2AH,(21201)=4CH,(21202)=B7H,(21203)=65H,试写出下列各指令执行完后 AX 寄存器的内容。

(1) MOV AX,1200H (2) MOV AX,BX

(3) MOV AX,[1200H] (4) MOV AX,[BX]

(5) MOV AX,1100[BX] (6) MOV AX,[BX][SI]

(7) MOV AX,1100[BX][SI]

3-7 变量 DATAX 和 DATAY 的定义如下:

```
DATAX DW  0148H
      DW  2316H
DATAY DW  0237H
      DW  4052H
```

请按下列要求写出指令序列:

(1) DATAX 和 DATAY 两个字数据相加,和存放在 DATAY 单元中。

(2) DATAX 和 DATAY 两个双字数据相加,和存放在 DATAY 开始的字单元中。

(3) DATAX 和 DATAY 两个字数据相乘,积存放在 DATAY 开始的单元中。

(4) DATAX 和 DATAY 两个双字数据相加,积存放在 DATAY 开始的单元中。

(5) DATAX 和 DATAY 两个字数据相除。

(6) DATAX 双字和 DATAY 字数据相除。

3-8 假定(DX)=0B9H,(CL)=3,(CF)=1,下列各指令单独执行后 DX 的值是多少?

(1) SHR DX,1 (2) SAR DX,CL

(3) SHL DX,1 (4) ROR DX,CL

(5) ROL DX,CL (6) RCL DX,CL

3-9 假定 AX 和 BX 中的内容为带符号数,CX 和 DX 中的内容为无符号数,请用比较指令和条件转移指令实现以下功能。

(1) 若 DX 的内容超过 CX 的内容,则转到 J1 处执行。

(2) 若 BX 的内容大于 AX 的内容,则转到 J2 处执行。

(3) 若 CX 的内容等于 0,则转到 J3 处执行。

(4) 若 BX 的内容小于 AX 的内容,则转到 J4 处执行。

(5) 若 DX 的内容低于 CX 的内容,则转到 J5 处执行。

第4章 分支程序设计

汇编语言程序和其他高级语言编写的程序一样，程序结构主要有顺序结构、分支结构、循环结构和子程序结构4种。所有的程序从整体结构上看都是顺序结构，即程序的执行是按照语句的先后顺序依次执行的；大部分的程序，在顺序的整体中还包含按条件的不同而选择不同分支来执行和重复的执行某些代码的情况，这就是分支结构和循环结构；子程序结构是为了实现代码的模块化和提高代码的利用率而编写的功能独立的代码段。

4.1 简单分支程序

在程序中，当需要进行逻辑分支时，可用每次分两支的方法来达到程序最终分多支的要求，也可用地址表的方法来达到分多支的目的。

在高级语句中，分支结构一般用IF语句来实现，在汇编语言中，可以使用无条件转移指令或条件转移指令实现分支结构。

在编写分支程序时，要尽可能避免编写“头重脚轻”的结构。“头重脚轻”指当前分支条件成立时，将执行一系列指令；而条件不成立时，所执行的指令很少。这样就使后一个分支离分支点较远，有时甚至会遗忘编写后一分支程序。这种分支方式不仅不利于程序的阅读，而且也不便将来的维护。

所以，在编写分支结构时，一般先处理简单的分支，再处理较复杂的分支。对多分支的情况，也可遵循“由易到难”的原则。因为，简单的分支只需要较少的指令就能处理完，一旦处理完这种情况后，在后面的编程过程中就可集中考虑如何处理复杂的分支。

分支程序的结构形式有两种，如图4-1所示。这两种形式类似于高级语言里面的IF…THEN…ELSE语句和CASE。IF…THEN…ELSE语句可以引出两个分支，而CASE语句可以引出多个分支。在汇编语言里，实现分支选择的语句是通过跳转语句实现的，具体的实现方式为：先对某一些变量进行比较，然后根据比较的结果跳转到不同的地方执行。

常用的跳转语句有JMP、JO、JS、JZ、JA、JP、JC等。

实现分支的方法有比较转移法和跳转表转移法。比较转移指令可嵌套，但程序结构复杂；跳转表转移法可使程序结构清晰。

【例4-1】 X为任意有符号字节数，若X为负数，则对其取补码，否则与Y相加，它们的和存入AX中。

题目分析：在数据段中定义变量X和Y的值，取出X与0比较大小，如果小于0，则用

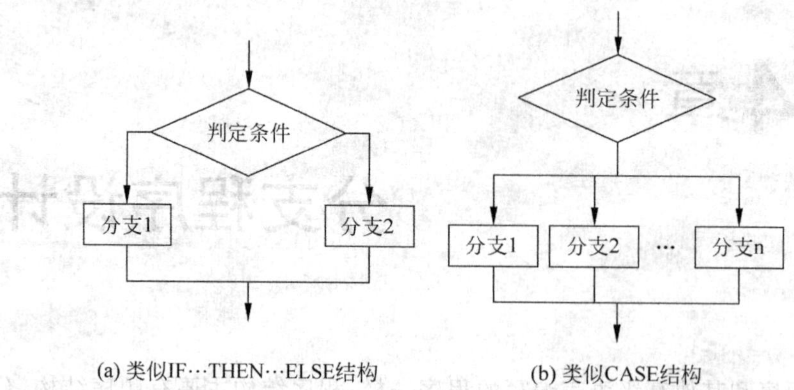

(a) 类似IF…THEN…ELSE结构　　(b) 类似CASE结构

图 4-1　分支程序的结构形式

求补指令 NEG 求出补码仍旧存入 X 存储单元；如果大于 0，则计算 X＋Y 的值并存入 AX。

确定算法：流程图如图 4-2 所示。

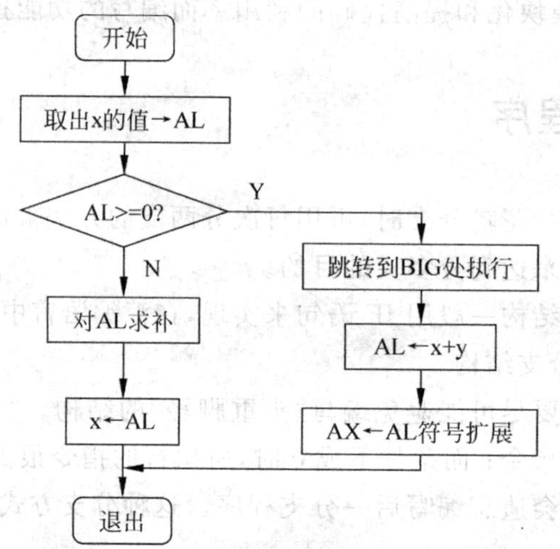

图 4-2　简单分支的设计

程序如下：

```
;EX401.ASM    判断正负数。负数取补码；正数(AX)←X + Y
        .MODEL TINY                     ;简短模式的程序定义
        .DATA
          X DB  - 8                     ;定义变量 X
          Y DB 210                      ; 定义变量 Y
        .CODE
        STARTUP:
          MOV AX,@DATA                  ;取出数据段的段地址
          MOV DS,AX
          MOV AL,X
          CMP AL,0                      ;X > 0?
          JGE BIG                       ;如果 X≥0,跳转到 BIG 处与变量 Y 相加
          NEG AL                        ;如果 X < 0,对 X 求补
```

```
    MOV X,AL                        ; 并送回 X 的存储单元
    JMP EXIT
   BIG:
    ADD AL,Y                        ; (AX)←X + Y
    CBW                             ; 将 AL 中的数据符号扩展到 AX
  EXIT:
    MOV AX,4C00H                    ;返回 DOS
    INT 21H

END  STARTUP
```

程序指令分析：

"CMP AL,0"、"JGE BIG"。这两条指令的具体执行可以参看 3.4.4 节和 3.5.1 节。先比较 al 与 0 大小关系，如果(al)≥0，则跳转到标号为 BIG 的地方执行；否则(al)<0，执行 JGE BIG 的下一条指令，即 NEG AL，对 AL 寄存器的内容求相反数。

【例 4-2】 在数据段中定义了变量 A 和 B，试编写程序实现以下功能。

(1) 若两个数中有一个是奇数，则将奇数存入变量 A 中，偶数存入变量 B 中。

(2) 若两个数均为奇数，将两个数分别加 1 后存回原变量中。

(3) 如两个数均为偶数，则两个变量不变。

题目分析："TEST BL,01H"，如果测试的结果为 0，即 ZF=1，说明 AL 中最后一位为 0，所以是偶数；如果测试的结果为 1，即 ZF=0，说明 AL 中最后一位为 1，所以是奇数。

本题中，先把变量 A 放入 BL 寄存器中，变量 B 放入 BH 寄存器中。然后，判断 A 是否是奇数，(1)若 A 是奇数(ZF=0，JNZ 成立)，转到 J 标号处继续判断变量 B 是否奇数。若变量 B 也是奇数(ZF=0，JNZ 成立)，则转到 JJ 标号处进行分别加 1 的处理；若变量 B 是偶数(ZF=1，JZ 成立)，则两个变量保持不变，程序直接结束。(2)若 A 是偶数(ZF=1，JZ 成立)，则继续判断变量 B 是否奇数。若变量 B 是偶数(ZF=1，JZ 成立)，则两个变量保持不变，程序直接结束。若变量 B 是奇数(ZF=0，JNZ 成立)，将奇数存入变量 A 中，偶数存入变量 B 中，即变量 A，B 交换值。

确定算法：流程图如图 4-3 所示。

程序如下：

```
;EX402.ASM    奇偶数的判断

DATASEG SEGMENT
          A   DB    31
          B   DB    41
DATASEG ENDS
PROGNAM SEGMENT
MAIN      PROC      FAR
          ASSUME
CS:PROGNAM,DS:DATASEG
START:
          PUSH      DS
          SUB       AX,AX
          PUSH      AX

          MOV       AX,DATASEG
```

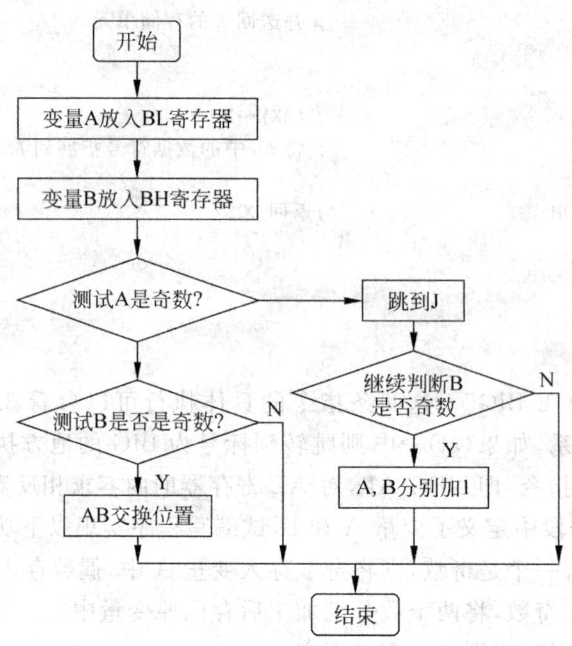

图 4-3 奇偶数的判断

```
        MOV     DS,AX
        MOV     BL,[A]
        MOV     BH,[B]
        TEST    BL,01H          ;判断 A 是否是奇数
        JNZ     J               ;A 是奇数(ZF=0,JNZ 成立),跳到 J 处
        TEST    BH,01H          ;A 是偶数(ZF=1),则继续判断 B 奇偶数
        JZ      EXIT            ;B 是偶数(ZF=1),退出
        XCHG    BL,BH           ;A 是偶数,B 是奇数,交换位置
        MOV     [A],BL
        MOV     [B],BH
        JMP     EXIT
J:                              ;A 是奇数
        TEST    BH,01H          ;继续判断 B 奇偶数
        JNZ     JJ              ;A 是奇数,B 是奇数,跳到 JJ 处分别加 1
        JMP     EXIT            ;A 是奇数,B 是偶数,直接退出
JJ:
        INC     [A]
        INC     [B]

EXIT:   RET
MAIN    ENDP
PROGNAM ENDS
        END     START
```

程序重要指令分析：

"TEST　BL,01H",测试 BL 的最低位是否为 1,根据结果设置 ZF 位,执行的是逻辑与操作,若 BL 的最低位是为 1,则 ZF=1,说明是偶数；若 ZF=0,说明是奇数。

JNZ　J,若上一步测试的结果 ZF=0,说明是奇数,接下来转到 J 标号处判断 BH 是否是偶数。

【例 4-3】 在某字符串中查找某个特定字符串出现的次数。设有一段英文字符串，存放在数据段的 ENG 单元中，试编写一程序，计算单词 SUN 在字符串中出现次数，并输出信息“SUN：TIMES”。

题目分析：对字符串的查对，需要连续比较多个字符，如果都相同，才认为源串中存在要查找的串。先在 CX 中设置要查对的字符串的长度，然后使用串比较指令 CMPSB 进行比较。计数器 AX 记录相同字符串出现的次数。

要调用汇编的中断指令输出一个整数，需要经过转换。程序中计算出来的是整数值，要转换成该整数的数字对应的字符，字符在汇编的内存中存储的是字符的 ASCII 值。字符'0'的 ASCII 值是 30H，字符'9'的 ASCII 值是 39H，字符'A'的 ASCII 值是 41H，所以 0～9 的数字转换为数字字符需要加上 30H，但是 A～F 数字转换为数字字符需要再加上 7H（41H－39H＝07H）。

对于整数转换为对应的字符，需要从左到右依次转换，所以用移位指令先取出最左边的 4 位。

确定算法：流程图如图 4-4 所示。

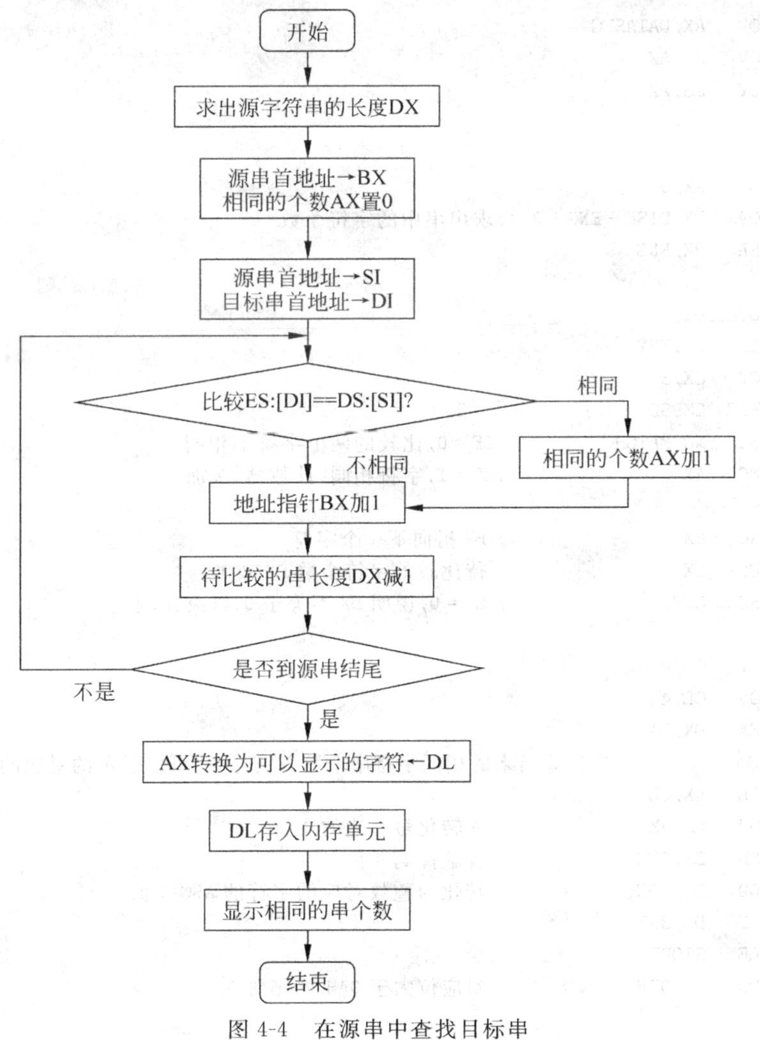

图 4-4 在源串中查找目标串

程序如下：

```
;EX403.ASM   在源串中查找某个特定字符串
DATASEG SEGMENT
        ENG  DB  'HERE IS THE SUN TEST PROGRAM. THE SUN IS RED,AND THE SUN RISE IN NORTH.SUN IS
BRIGHT','$'
        DISP DB  'SUN:'
        DAT  DB  '0000','$'
        KEY  DB  'SUN'
DATASEG ENDS
PROGNAM SEGMENT
MAIN    PROC  FAR
        ASSUME
CS:PROGNAM,DS:DATASEG,ES:DATASEG
  START:
        PUSH  DS
        SUB   AX,AX
        PUSH  AX

        MOV   AX,DATASEG
        MOV   DS,AX
        MOV   ES,AX

  BEGIN:
        MOV   AX,0
        MOV   DX,DISP-ENG-2   ;求出串中的字符个数
        LEA   BX,ENG
  COMP:
        MOV   DI,BX
        LEA   SI,KEY
        MOV   CX,3
        REPE  CMPSB
        JNZ   NO_MATCH          ;ZF=0,比较的两个字符不相同
        INC   AX                ;ZF=1,字符相同,计数器 AX 加 1
  NO_MATCH:
        INC   BX                ; BX 指向下一个字符
        DEC   DX                ; 待比较的字符个数 DX 减 1
        JNZ   COMP              ; ZF=0,说明 DX 不等于 0,继续比较
  DONE:
        MOV   CH,4
        MOV   CL,4
        LEA   BX,DAT
  DONE1:               ;将计算出来的相同字符串个数 AX 转换成可以显示的对应的字符的 ASCII 值
        ROL   AX,CL
        MOV   DX,AX             ; 先转化最左边的 4 位
        AND   DX,0FH            ; 屏蔽掉高 4 位
        ADD   DL,30H            ; 转化为整数对应的字符的 ASCII 值
        CMP   DL,39H
        JLE   STORE
        ADD   DL,07H            ; 对应位大于 0AH,再增加 7
  STORE:
```

```
         MOV   [BX],DL          ; 存入内存单元的对应位置
         INC   BX
         DEC   CH
         JNZ   DONE1
DISPLAY:
         LEA   DX,DISP
         MOV   AH,09
         INT   21H
EXIT:    RET
MAIN     ENDP
PROGNAM ENDS
         END   START
```

程序主要指令分析：

(1)“MOV DX,DISP-ENG-2”：利用变量在内存单元中的存放位置可以求出串中的字符串长度。

(2)“REPE CMPSB”：比较 ES:[DI]和 DS:[SI]中的字符是否相等，若相等则继续比较，一旦不相等就结束比较操作。

(3)“ROL AX,CL”把 AX 中的值循环左移 4 位，这样就把最左边的 4 位移到了最右边。这样在存储时也是先存储最左边的 4 位。

(4)“LEA DX,DISP”、“MOV AH,09”、“INT 21H”：这三个指令的功能是输出一个字符串，这个字符串存放在 DS: DX 的地址中。这是个 DOS 的中断调用，中断的含义是中止 CPU 当前的工作，用来处理系统请求的屏幕输出。如果 AH 寄存器置 9，则可以输出 DS: DX 中以 $ 结束的字符串；如果 AH 置 2，则输出 DL 中的一个字符；如果 AH 寄存器置 0AH，则可以从键盘输入一个字符串，存放在 DS: DX 的地址中；如果 AH 置 1，则从键盘输入一个字符存放在 AL 中。具体的代码如下：

```
LEA     DX,DISP
MOV     AH,09     ;显示 DS: DX 中的字符串
INT     21H

MOV     DL,'R'
MOV     AH,02     ;输出 DL 中的字符 R
INT     21H
MOV     AH,  01   ;输入一个字符放在 AL 中
INT     21H
.DATA
MAXLEN DB 50      ;可能输入的最大字符个数
ACTLEN DB ?       ;实际输入的字符个数
STR DB 50 DUP(?) ;实际输入的字符值
.DATA
…
LEA     DX,MAXLEN
MOV     AH,0AH
INT     21H
```

4.2 多重分支程序

4.2.1 使用多个跳转语句实现多分支结构

【例 4-4】 输入一个百分制的成绩，输出对应的五分制，以空格键作为输入的结束标志。

题目分析：从键盘输入一个分数值，输入的是整数值，但是系统把数字认为是字符，因为汇编程序只有字符的输入输出指令，所以在程序中还需要把数字字符转换为数字，转换方法：把数字字符的值减去数字字符'0'的 ASCII 值 30H 即可。调用 21H 号中断的 1 号功能一次接收一个字符，所以要用循环输入指令接收多位数字，直到输入空格为止。

然后根据转换好的成绩值，判断在哪个分数段内，记录对应的五分制：100～90 为 A；89～80 为 B；79～70 为 C；69～60 为 D；60 以下为 E。

确定算法：流程如图 4-5 所示。

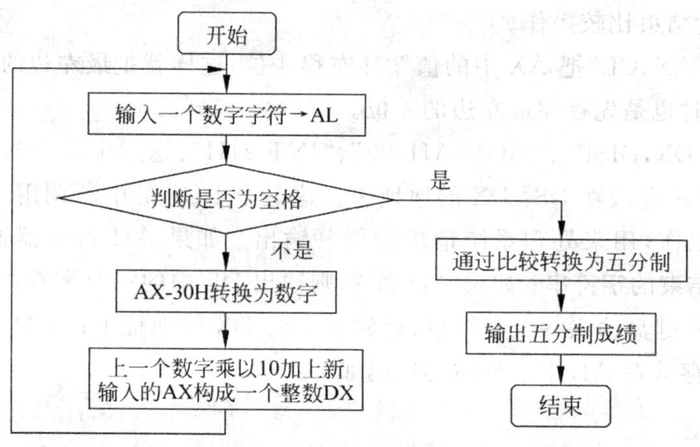

图 4-5 百分制转换为五分制

程序如下：

```
;EX404.ASM  百分制成绩转换成五分制
DATA SEGMENT
   MES1 DB 'ENTER A SCOR:',13,10,'$'
   MES2 DB 'THE GRADE IS:',13,10,'$'
   GRADE DB 'E'
DATA ENDS

CODE SEGMENT
MAIN PROC FAR
   ASSUME CS:CODE,DS:DATA
   START:
      PUSH DS
      SUB AX,AX
```

```
    PUSH AX

    MOV BX,DATA
    MOV DS,BX

    LEA DX,MES1
    MOV AH,9
    INT 21H

    MOV DX,0

 NEWCHAR:
    MOV AH,1
    INT 21H                 ;输入一个字符存入 AL
    CMP AL,20H              ;输入的是否是空格
    JZ  CONVERT             ; 空格表示输入结束
    SUB AL,30H              ;转换为数字
    CBW                     ; 扩展到 16 位入 AX
    MOV BX,AX               ; 暂存在 BX 寄存器中

    MOV AX,DX
    MOV CL,10
    IMUL CL                 ;上次输入的数字变为高位
    ADD AX,BX               ;高位数字加上低位数字
    MOV DX,AX               ;到目前输入的数字存入 DX
    JMP NEWCHAR             ;开始输入新的数字

CONVERT:
    CMP DX,90               ;输入的分数在 DX 中,依次比较
    JAE GA
    CMP DX,80
    JAE GB
    CMP DX,70
    JAE GC
    CMP DX,60
    JAE GD

    MOV GRADE,'E'
    JMP EXIT
GD:
    MOV GRADE,'D'
    JMP EXIT
GC:
    MOV GRADE,'C'
    JMP EXIT
GB:
    MOV GRADE,'B'
    JMP EXIT
GA:
    MOV GRADE,'A'
    JMP EXIT
```

```
    EXIT:
        LEA DX,MES2
        MOV AH,9                ;输出一个字符串
        INT 21H

        MOV DL,GRADE            ;输出 DL 中的字符
        MOV AH,2
        INT 21H

        RET
MAIN ENDP
    CODE ENDS
      END START
```

重要指令分析：

程序中三条语句“LEA DX,MES1”、“MOV AH,9”、“INT 21H”可以把存储在数据段 DS 中偏移地址为 DX 的字符串输出。这是 DOS 中断的功能，在调用 21 号中断之前，先要把要输出字符串的存放地址存放在 DS:DX 中，然后再调用 21 号中断显示。

语句“MOV AH,1”、“INT 21H”是从键盘接受一个字符，存放在 AL 寄存器中。

语句“CMP DX,90”、“JAE GA”是先比较 DX 寄存器的内容与 90 的大小，如果(DX)≥90，则跳转到标号为 GA 处执行，否则顺序执行 JAE GA 下面的一条语句。

语句“MOV BX,AX”的作用是，新输入的数字扩展为 16 位后先存在 AX 中，但是后面的指令为了把两次输入的数字构成一个整数，需要把高位数字乘以 10 再加上低位数字；而在执行乘法指令时需要用到 AX 寄存器，所以需要先把 AX 寄存器的内容保存起来以备后用，故需要把 AX 的值暂存在 BX 中。

语句 IMUL CL 是字节操作，表示(AX)←(AL)×CL。每次输入的数字是 0～9 间的任意数字，已输入的数字存在 DX 中，所以先把高位数字 DX 的内容转存入 AX 中，再用乘法指令把 AL 乘以 10 从而使先输入的数字变为高位数字；然后高位数字加上刚输入的低位数字构成当前的数字，仍旧保存在 DX 中。这里用乘法的字节操作时因为输入的成绩不超过 3 位数，所以用 8 位寄存器就够了，高 4 位是 0。

【例 4-5】 在已排序的数组中查找某一个数据。假设数组存放在附加段中，数组的第一个单元存放数组的长度。在 AX 寄存器中存放要查找的数据，如果在数组中找到该数，则使 CF=0，并把它的偏移地址存入 SI 寄存器中；如未找到，则使 CF=1。

题目分析：对于已排序的数组，可以采用折半查找的方法。折半查找的方法是先取中间元素与待查数据比较，如果正好相等，就结束；如果查找值大于中间元素，则取高半部分继续查找；如果查找值小于中间元素，则取低半部分继续查找。

具体操作可描述为：

(1) 初始化被查找数组的首尾下标，low←1，high←n。

(2) 若 low>high，则查找失败，置 CF=1，程序结束；否则，计算中间位置 mid=(low+high)/2。

(3) 查找元素 k 与中点元素 r[mid]比较，若 k=r[mid]，则查找成功，置 CF=0，并 SI←mid，程序结束；若 k<[mid]，则转第(4)；若 k>r[mid]，则转至步骤(5)。

(4) 在低半部分查找。Low 值不变,high←mid－1,返回到步骤(2),继续查找。

(5) 在高半部分查找。high 值不变,low←mid＋1,返回到步骤(2),继续查找。

确定算法：流程如图 4-6 所示。

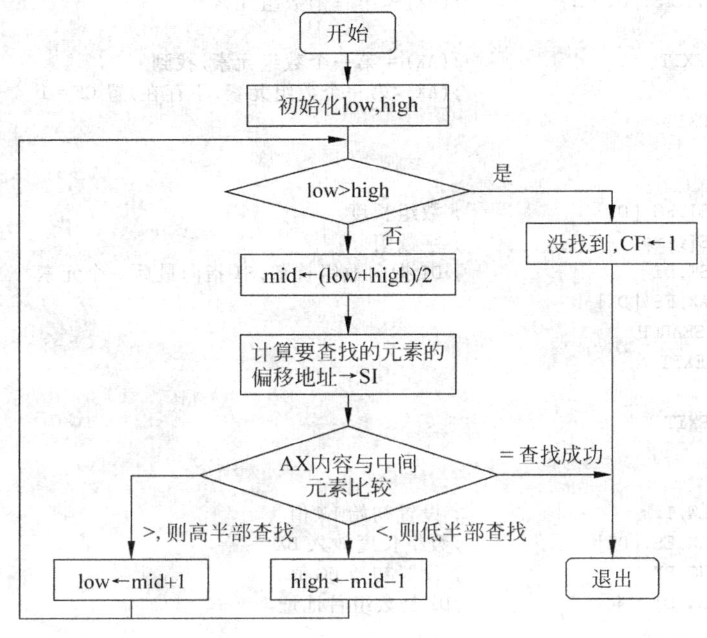

图 4-6 折半查找

程序如下：

```
;EX405.ASM 在已排序的数组中查找某一个数据
DATA SEGMENT
  LW  DW ?              ;LW 表示算法中的 low
  HG  DW ?              ;HG 表示算法中的 high
DATA ENDS

EXTRA SEGMENT
  ARR  DW 6,1,2,5,7,9,12
EXTRA ENDS

CODE SEGMENT
MAIN PROC FAR
   ASSUME CS:CODE,DS:DATA,ES:EXTRA

START:   MOV AX,3
         PUSH AX

         MOV AX,DATA
         MOV DS,AX

         MOV AX,EXTRA
         MOV ES,AX
         POP AX
```

```
        LEA DI,ARR
        CMP AX,ES:[DI+2]          ;查找元素(AX)与第一个数组元素比较

        JA  CHK_LAST              ;(AX)>第一个数组元素,再与最后一个比较
        LEA SI,ES:[DI+2]          ;(AX)≤第一个数组元素

        JE  EXIT                  ;(AX)=第一个数组元素,找到
        STC                       ;(AX)<第一个数组元素,不存在,置 CF=1
        JMP EXIT

CHK_LAST:
        MOV SI,ES:[DI]            ; 数组长度
        SHL SI,1                  ; 字数组
        ADD SI,DI                 ; DI 指向数组首部,SI 指向最后一个元素
        CMP AX,ES:[DI]
        JB  SEARCH
        JE  EXIT
        STC
        JMP EXIT

SEARCH:
        MOV LW,1                  ; 设置初始 LW 值
        MOV BX,ES:[DI]            ;数组长度放入 BX
        MOV HG,BX                 ; 设置初始 HG 值
        MOV BX,DI                 ;DI 是数组首地址

MID:    MOV CX,LW
        MOV DX,HG
        CMP CX,DX
        JA  NO_MATCH
        ADD CX,DX                 ; 计算中间位置,存入 CX
        SHR CX,1
        MOV SI,CX                 ;中间点的值放入 SI
        SHL SI,1

COMPARE:
        CMP AX,ES:[BX+SI]         ;待查元素 AX 与中间点元素比较
        JE EXIT                   ;相等,查找
        JA HIGHER                 ;(AX)>中间点元素
        DEC CX                    ;(AX)<中间点元素
        MOV HG,CX                 ;中点值减 1 存入 HG
        JMP MID                   ;继续计算新的中间点并查找

HIGHER:
        INC CX
        MOV LW,CX
        JMP MID

NO_MATCH:
        STC
EXIT:
        POP DS
        RET
MAIN ENDP
```

```
CODE ENDS
END  START
```

重要指令分析：

“SHL SI,1”：数值逻辑左移。本例中，先取出字数组的长度存入 SI 寄存器中；然后，把 SI 的值左移 1 位，相当于乘以 2，因为后面的操作是以字节进行的，所以 SI 的值乘以 2。

“SHR CX,1”：数值逻辑右移。本例中，先求出未查找的数组长度存入 CX；然后，把 CX 的值右移一位，相当于除以 2，求出未比较数组的中间点。

4.2.2　利用跳跃表实现多路分支

跳跃表是在某一内存区域顺序排列的一组有规律的入口地址(可以是标号)。

如是段内分支，每个地址占两个单元(IP)；如是段间分支，每个地址占 4 个单元(CS：IP)。

采用这种方法的操作步骤如下：

(1) 将各标号作为操作数进行定义(段内、段间)。

(2) 利用 JMP 指令跳转到满足条件的各标号处，可采用变址寻址、寄存器间接寻址、基址变址的寻址方式。

【例 4-6】 根据 AL 寄存器的值，从右向左依次判断哪位为 1，把程序转向不同的分支。

题目分析：事先在 AL 寄存器中存有数据，在程序中测试 AL 的值，利用 SHR 指令每次把 AL 中的最低位移入 CF 标志位，JNB 或 JB 指令的测试条件是测试 CF 的值是否为 0 或 1。

不同的程序分支存储在跳跃表中，程序中取出跳跃表的首地址，然后根据测试的 AL 值，用首地址加上偏移地址得到跳跃的地址，有了跳跃地址就可以在跳跃表中跳转到不同的地方。

确定算法：程序流程图如图 4-7 所示。

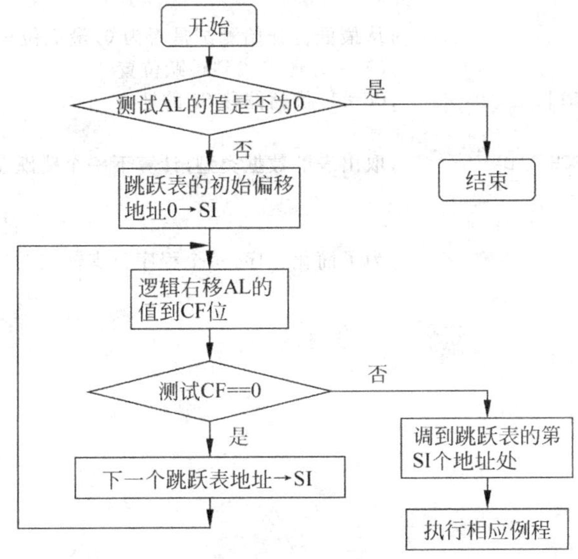

图 4-7　跳跃表查找

程序如下：

```
;EX406.ASM   跳跃表实现多分支结构
BRANCH SEGMENT                           ;定义跳跃表
   BRCH_TAB  DW ROUT1
             DW ROUT2
             DW ROUT3
             DW ROUT4
             DW ROUT5
             DW ROUT6
             DW ROUT7
             DW ROUT8
BRANCH ENDS

CODE SEGMENT
   MAIN PROC FAR
     ASSUME CS:CODE,DS:BRANCH
   START:
     PUSH DS
     SUB AX,AX
     PUSH AX

     MOV AX,BRANCH
     MOV DS,AX

     MOV AL,00000100B                    ;为了测试方便在程序中设定 AL 的值

     CMP AL,0
     JE  EXIT

     MOV SI,0                            ;跳跃表的偏移地址,初值为 0
   BCH:
     SHR AL,1                            ;从最低位开始测试是否为 0,最低位→CF
     JNC NET_YET                         ;CF = 0,还未找到跳跃位置
     JMP BRCH_TAB[SI]                    ;CF = 1,跳到偏移 SI 的地方
  NET_YET:
     ADD SI,TYPE BRCH_TAB                ;取出表的数据类型,计算下一个跳跃位置
     JMP BCH

ROUT1:                                   ;为了简化程序,每个程序分支输出对应的数字字符
     MOV DL,'1'
     MOV AH,2
     INT 21H
     JMP EXIT

ROUT2:
     MOV DL,'2'
     MOV AH,2
     INT 21H

ROUT3:
```

```
        MOV DL,'3'
        MOV AH,2
        INT 21H
        JMP EXIT
ROUT4:
        MOV DL,'4'
        MOV AH,2
        INT 21H
        JMP EXIT

ROUT5:
        MOV DL,'5'
        MOV AH,2
        INT 21H
        JMP EXIT

ROUT6:
        MOV DL,'6'
        MOV AH,2
        INT 21H
        JMP EXIT

ROUT7:
        MOV DL,'7'
        MOV AH,2
        INT 21H

ROUT8:
        MOV DL,'8'
        MOV AH,2
        INT 21H
        JMP EXIT

EXIT:
        RET
MAIN ENDP
    CODE ENDS
        END START
```

重要指令分析：

"SHR AL,1"：把 AL 寄存器中的数值逻辑右移一位，最低位移到 CF 中，最高位补 0。下面一条指令测试 CF 的值，就可以知道 AL 的最低位是 0 还是 1。这样循环执行，就可以测试 AL 的个位数字。

JMP BRCH_TAB[SI]：这是一种寄存器相对寻址方式，如果满足条件，就跳转到数据段中 BRCH_TAB 存储单元里面偏移段首 SI 个位置的地方执行。在本例中，BRCH_TAB 定义的是跳跃表，假定 SI =2，则 BRCH_TAB[SI]的有效地址就是对应 ROUT2 的地方，所以程序跳转到语句标号为 ROUT2 的地方执行。

"ADD SI,TYPE BRCH_TAB"：TYPE 伪操作是取出数据段中 BRCH_TAB 定义的数

据类型的字节数，本例是 DW 类型，即 2 字节。

【例 4-7】 统计输入字符串中字母、数字和其他字符的个数并把结果以十六进制显示。

题目分析：字符串以'＄'结束。一次取出每个字符，字符在内存中存储的是十六进制的 ASCII 码，'0'的 ASCII 码为 30H，'A'的 ASCII 码为 61H，'A'的 ASCII 码为 41H。如果字符的值在 30H～39H 之间，则为数字；如果字符的值在 41H～5AH 之间，则为大写字母；如果字符的值在 61H～7AH 之间，则为小写字母；否则，是其他的字符。

确定算法：程序流程图如图 4-8 所示。

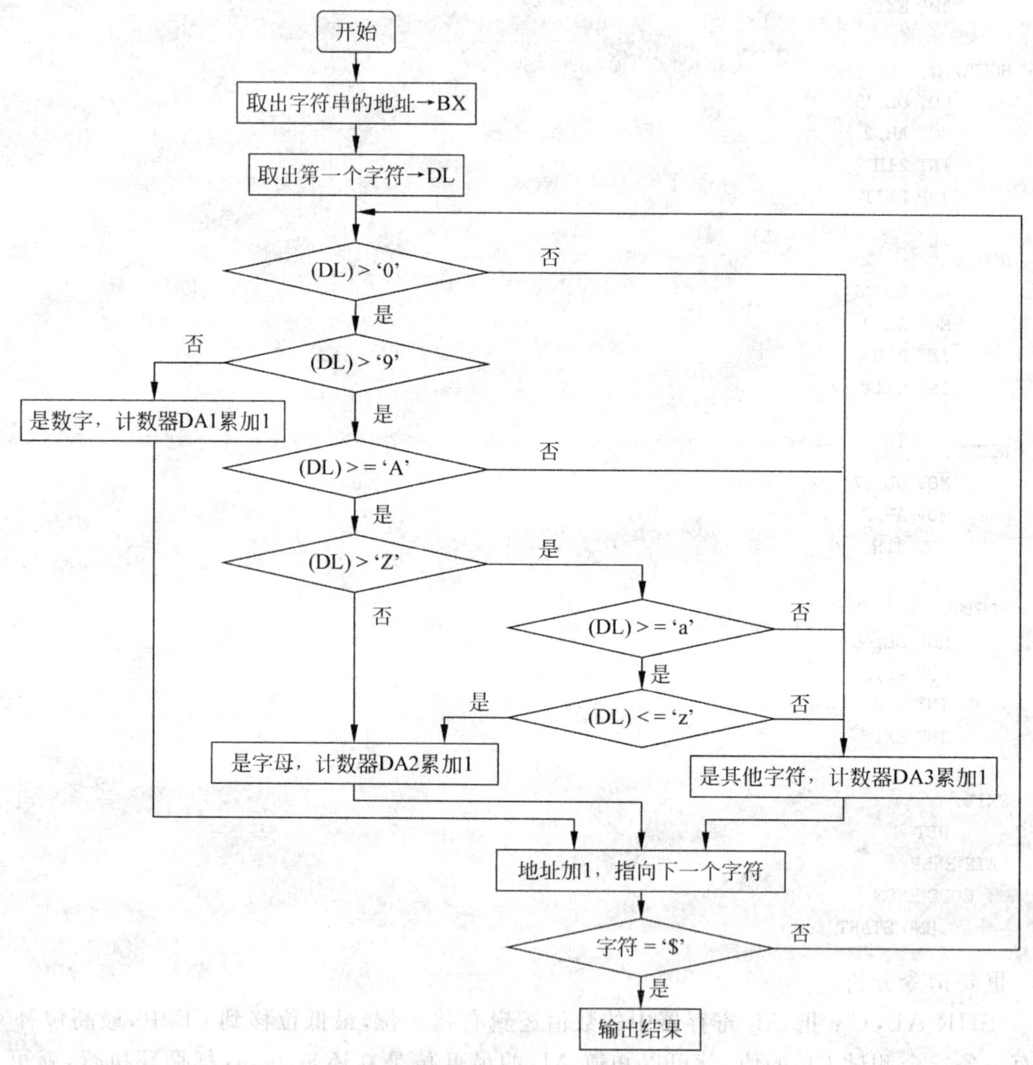

图 4-8 统计不同字符的个数

程序如下：

```
;EX407.ASM   统计不同类型字符的个数
DATA SEGMENT
     LINE DB 'W34STP5 @R9RSTUV34','$'
     DA1 DW 0
```

```
    DA2 DW 0
    DA3 DW 0
    RES1 DB 0AH,0DH,'DIGITS:','$'
    RES2 DB 0AH,0DH,'LETTERS:','$'
    RES3 DB 0AH,0DH,'OTHERS:','$'
DATA ENDS

CODE SEGMENT
MAIN PROC FAR
ASSUME CS:CODE,DS:DATA
    START:
     PUSH DS
     SUB AX,AX
     PUSH AX

     MOV AX,DATA
     MOV DS,AX

     LEA BX,LINE                    ;要统计的字符串中的当前字符的偏移地址放在BX寄存器中
     MOV DL,[BX]
     PUSH BX

S:
     CMP DL,30H                     ;是否是数字
     JL  OTHER
     CMP DL,39H
     JG  CH1                        ;(DL)>39H,有可能是字符
DIGIT:
     MOV BX,DA1                     ;是数字,则数字个数增加1
     INC BX
     MOV DA1,BX
     JMP NEXT                       ;开始比较下一个字符
CH1:
     CMP DL,41H                     ;是否是大写字母
     JL OTHER                       ;(DL)<41H,是非字母的字符
     CMP DL,5AH
     JG CONTINUE                    ;超出41H～5AH,可能是小写字母,继续进行比较

CH2:
     MOV BX,DA2                     ;是字母,则字母个数增加1
     INC BX
     MOV DA2,BX
     JMP NEXT

CONTINUE:
     CMP DL,61H                     ; 是否是小写字母
     JL OTHER                       ;(DL)<61H,是非字母的字符
     CMP DL,7AH
     JNG CH2                        ;61H～7AH,是小写字母
                                    ;超出61H～7AH,是其他字符
OTHER:
```

```
        MOV BX,DA3                    ;其他字符的个数增加 1
        INC BX
        MOV DA3,BX
        JMP NEXT

NEXT:
        POP BX                        ;恢复原有的字符的偏移地址
        INC BX                        ;指向下一个字符的地址
        MOV DL,[BX]
        PUSH BX
        CMP DL,'$'                    ;当前的字符是否是结束标志'$'
        JNZ S

RESULT:                               ;输出结果
        LEA DX,LINE
        MOV AH,09
        INT 21H

        LEA DX,RES1
        MOV AH,09
        INT 21H

        MOV BX,DS:[DA1]
        CALL DISPLAY              ;调用子过程,把内存单元中的整数值转换成对应的字符,以便于输出

        LEA DX,RES2
        MOV AH,09
        INT 21H

        MOV BX,DS:[DA2]
        CALL DISPLAY

        LEA DX,RES3
        MOV AH,09
        INT 21H

        MOV BX,DS:[DA3]
        CALL DISPLAY

EXIT:
        MOV AX,4C00H
        INT 21H
MAIN ENDP

DISPLAY PROC NEAR                     ; 把内存单元中的整数值转换成对应的
                                      ;字符串,并调用 21 中断,输出该字符串

        MOV CH,4
      ROTAT:
```

```
        MOV CL,4
        ROL BX,CL
        MOV AL,BL
        AND AL,0FH
        ADD AL,30H
        CMP AL,3AH
        JL PRINT
        ADD AL,7H

       PRINT:
        MOV DL,AL
        MOV AH,2
        INT 21H

        DEC CH
        JNZ ROTAT
        RET
DISPLAY ENDP

CODE ENDS
        END   START
```

重要指令分析：

“LEA BX,LINE:”取出字符串 LINE 的有效地址存入 BX 寄存器，BX 的值是一个地址。

“MOV DL,[BX]”：取出当前地址空间中的值存入 DL 寄存器。因为数据段的定义是以字节定义，所以取出的值是一个字节大小，故只需 DL 寄存器就可以了。

PUSH BX：因为后续程序还需要使用 BX 寄存器存放数据，而地址值也需要继续使用，故把 BX 的值先压入堆栈加以保存，需要使用原始值时再从堆栈中取出。

DISPLAY 子程序是把程序中计算各类字符的个数转换成可以输出的字符。程序中计算得出的个数是一个整数值，但是汇编语言只能输出字符类型的数据，故先进行转换。

转换的过程，就是把十六进制的整数 3 转换为字符‘3’。存储单元中存放的是整数 3，字符‘3’在存储单元中存放的是它对应的 ASCII 码 34H，故需要把整数 3 累加上 30H 即可。在累加时要注意，十六进制的整数超过 10 时用字母 A～F 表示，所以，如果累加 30H 后大于 39H，需要再加上 7H。故此程序用如下语句实现：

```
ADD AL,30H
CMP AL,3AH
JL PRINT
ADD AL,7H
```

由于汇编语言程序输出数据的过程比较复杂，所以，本书中很多例子没有把程序的运行结果输出，把检查运行结果正确与否的任务交给读者通过 DEBUG 命令来查看。通过 DEBUG 命令来查看程序结果的方法，不仅可以让读者学会调试程序，更重要的在于通过调试理解汇编语言的精髓，理解地址和内容的区别。

上机实验 3：分支程序设计

【实验目的】

(1) 熟悉字符的操作、传送指令、比较指令的使用。

(2) 分支程序的设计方法。

【试验内容】

本次实验可用两个学时。

(1) 把以下字符串'12345678yourname'(前面是学号后面是名字的拼音)从源缓冲区传递到目的缓冲区。

(2) 在内存 DEST 开始的 6 个单元寻找字符'C',如找到将字符'C'的地址送 ADDR 单元,否则 0 送 ADDR 单元。

(3) 统计输入字符串中的字母、数字和其他字符的个数并把结果以十六进制显示。

(4) 从键盘输入 0～9 中的数字,输出与数字对应顺序的字母。

(5) 在已排序的数组中查找某一个数据。假设数组存放在附加段中,数组的第一个单元存放数组的长度。在 AX 寄存器中存放要查找的数据,如果在数组中找到该数,则使 CF=0,并把他的偏移地址存入 SI 寄存器中；如未找到,则使 CF=1。

习题 4

4-1 从键盘输入一个小写字母,把它转换成大写字母并输出。

4-2 数据区中存有一个字符串,从键盘输入一个字母,找出它在字符串中的前导和后续字母,并输出这些字母。

4-3 在存储单元中存放着 10 个字数据,找出该数组中的最小的偶数,把它存放在 AX 寄存器中。

4-4 在存储单元中存放着 20 个字数据,将该数组分成两组：一组存放正数；另一组存放负数,并把这两个数组中元素的个数用十六进制显示。

4-5 假设已经编写好 5 首歌曲程序,它们的段地址和偏移地址存放在数据段的跳跃表中。编写一程序,根据从键盘输入的歌曲编号,去执行不同的歌曲。

4-6 将 AX 寄存器中的 16 位数分成 4 组,每组 4 位,然后把这 4 组数分别存放在 AL, BL,CL 和 DL 中。

4-7 从键盘输入一系列字符,以字符 $ 结束,对字符串中的非数字字符进行统计,并显示计数结果。

第5章 循环程序设计

在实际的问题中，经常会遇到重复的操作，重复的动作一样，只是每次具体的操作数不一样。在程序设计中，利用循环操作可以很容易地实现重复的动作。但是每个重复的操作，具体的数据有时不一样，所以在循环体中应该有使操作数发生改变的语句，也应该有可以结束循环的条件。这就是循环程序设计中的循环体和循环条件。具体的设计过程如下：

(1) 初始化部分：设置初始值。

(2) 循环工作部分：具体的操作和运算。

(3) 循环修改部分：为下一次循环而修改某些参数。

(4) 循环控制部分：判断循环是继续还是结束。

控制循环的方法有计数控制、条件控制和逻辑尺控制。

5.1 简单循环程序

在汇编语言中，实现循环的指令有两种，一种是 LOOP 指令，适用于循环次数已知的情况，用 CX 寄存器保存循环次数；另一种是 JMP 指令，根据当前的条件判断可以跳转到不同的地方继续执行程序，适用于根据循环条件执行循环的情况。

【例 5-1】 判断一个数是否为素数。在数据段中存有一个字数据 M，判断 M 是否是素数并输出判断的结果。

题目分析：判定数 M 是否为素数，用 M 除以 I，I=2～M-1，如果所有余数都不为 0，则 M 为素数；若任何一步中的余数为 0，都可以立即中止循环，而断定 M 不是素数。

在汇编程序中，要注意各个指令的默认条件。如本题中，指令 DIV CX 执行之前，要先把数据 M 存入寄存器 AX，因为 DIV CX 指令的执行为(DX，AX)/(CX)，商→(AX)，余数→(DX)，所以 DIV 指令执行之前先进行符号扩展。注意，DIV 指令执行之后，AX 寄存器的内容不再是 M 了，而变成了除法得到的商，所以，下一次的循环体执行时，不仅让除数 CX 增加 1，还要注意恢复 AX 的值，重新存入 M 的值。因此，循环体从

```
DECD:     LEA SI,M
MOV AX,DS:[SI]
CWD
DIV CX
```

开始，而不是仅仅从 CWD　DIV CX 开始。

确定算法：程序流程图如图 5-1 所示。

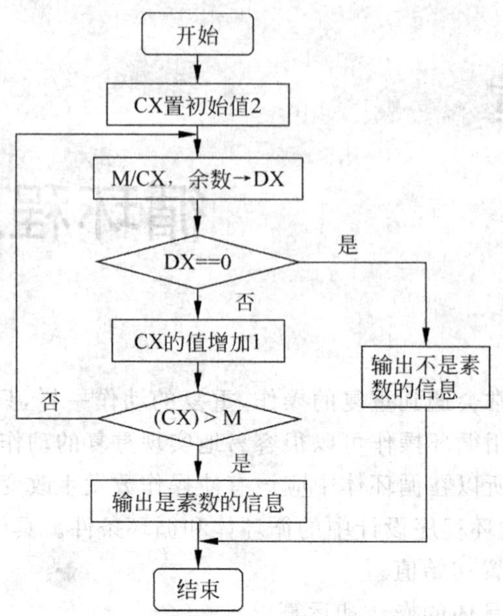

图 5-1 素数的判定

程序如下：

```
;EX501.ASM   判断一个数是否为素数
DATA SEGMENT
    M DW 4
    MESS1 DB 'IT IS A PRIME!',13,10,'$'
    MESS2 DB 'IT IS NOT A PRIME!',13,10,'$'
DATA ENDS

STACK SEGMENT
   DW 100H
STACK ENDS

CODE SEGMENT
MAIN PROC FAR
   ASSUME CS:CODE,DS:DATA,SS:STACK
START:
   PUSH DS
   SUB AX,AX
   PUSH AX

   MOV AX,DATA
   MOV DS,AX
   MOV AX,STACK
   MOV SS,AX

   MOV CX,2
DECD:                  ;每次都要重新取 M 的值存入 AX,因为后面的除法操作使 AX 的内容发生了变化
   LEA SI,M
```

```
    MOV AX,DS:[SI]                    ;(AX)←M
    CWD                               ;符号扩展到 DX,因为 DIV 要求
    DIV CX                            ;(DX,AX)/(CX),商→(AX),余数→(DX)
    CMP DX,0                          ;判断余数是否为 0
    JZ BREAK                          ;余数为 0,不是素数,直接跳出循环
    INC CX                            ; 余数不为 0,CX 增加 1,继续判断
    CMP CX,[SI]
    JL DECD
  YES:
    LEA DX,MESS1
    JMP DISP
  BREAK:
    LEA DX,MESS2
  DISP:
    MOV AH,09
    INT 21H

  EXIT:
    MOV AX,4C00H
    INT 21H
  MAIN ENDP
   CODE ENDS
      END START
```

重要指令分析：

CWD：字内容符号扩展为双字。把 AX 寄存器的内容扩展到 DX 寄存器，形成 DX:AX 的双字。

DIV CX：(AX)←(DX:AX) / (CX)的商，(DX)←(DX:AX) / (CX)的余数。

“CMP CX,[SI]　JL DECD”：判断素数时的除数 CX 比数据 M 小时，继续判断下一个除数是否可以整除 M。

【例 5-2】 在未排序的数组中查找并删除某数。在附加段中存放一个未排序的字数组 LIST，第一个字中存放数组长度。从键盘输入一个数字，放在 AX 寄存器中，在数组 LIST 中查找是否存在该数字。如果存在，则把它从数组中删除；否则，输出未找到该数的信息。

题目分析：先输入一个数字字符，转化为数字存入 AX 中。然后，依次与数组 LIST 中的各个数字比较，查找是否存在该数，如果存在，则把数组中后面的元素依次向左移动一个位置，实现删除该数的目的，同时修改数组长度。若查找的数字正好位于数组末尾，则直接修改数组长度。

查找的过程，利用比较指令即可；删除的部分，利用循环指令把[DI]←[DI+2]。查找结束时 DI 指针指向的就是要删除的元素的位置，也即实现[DI]←[DI+2]的 DI 初始值。

确定算法：程序流程图如图 5-2 所示。

程序如下：

```
;EX502.ASM    查找数组中的元素并删除,用 LOOP 实现循环
DATA SEGMENT
   LIST DW
     10,2,34,0,1,56,90,32,-8,0,12
```

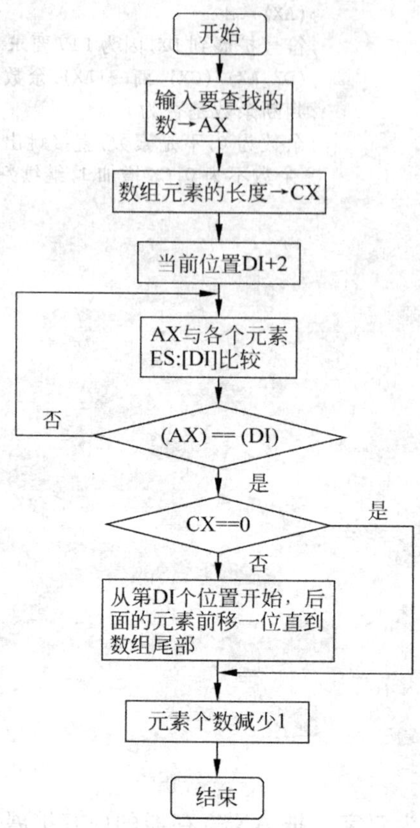

图 5-2　删除数组中的元素

```
DATA ENDS

STACK SEGMENT
  DW 100H
STACK ENDS

CODE SEGMENT
MAIN PROC FAR
  ASSUME CS:CODE, ES:DATA, SS:STACK
START:
  PUSH DS
  SUB AX, AX
  PUSH AX

  MOV AX, DATA
  MOV ES, AX
  MOV DS, AX
  MOV AX, STACK
  MOV SS, AX

  MOV AH, 01                    ;输入一个数字字符存入 AL 寄存器
  INT 21H
```

```
    SUB AL,30H                          ;转换为数字整数
    CBW                                 ;扩展为字存入 AX

    LEA DI,LIST
    CLD
    PUSH DI                             ;保存数组的地址到堆栈中,因为在后续指令中 DI 的值会改变
    MOV CX,ES:[DI]                      ;字符长度放入 CX 寄存器
 CMPDIG:
    ADD DI,2
    CMP AX,ES:[DI]                      ;AX 与各个元素比较
    JE DELT                             ;如果相等,删除
    LOOP CMPDIG                         ;不相等,继续查找
    POP DI
    JMP SHORT EXIT                      ;查找到数组结束位置,未找到

 DELT:
    JCXZ DEC_CNT                        ;如果(CX) = 0,最后一个元素与(AX)相等
 NEXT:                                  ;中间位置的元素与(AX)相等
    MOV BX,ES:[DI + 2]                  ;[DI]←[DI + 2],实现删除的目的
    MOV ES:[DI],BX
    ADD DI,2
    LOOP NEXT
 DEC_CNT:
    POP DI                              ;取出保存的数组长度
    DEC WORD PTR ES:[DI]                ;长度减少 1
 EXIT:
    MOV AX,4C00H
    INT 21H
 MAIN ENDP
  CODE ENDS
     END START
```

重要指令分析:

"MOV AH,01　　INT 21H":这两条指令的功能是从键盘接收一个字符,存入 AL 寄存器中。

"SUB AL,30H":把 AL 中的字符转换为对应的整数。

LOOP CMPDIG:是个循环指令,每执行一次,CX 的值减少 1,当 CX 的值为 0 时,该循环语句结束。所以,在执行该语句之前,一定要在 CX 中设定循环的执行次数。

"MOV BX,ES:[DI+2]　MOV ES:[DI],BX":这两条语句实现把数组右面的元素向左移动一位的操作。

【例 5-3】 在一个已经排序的数组中插入一个数据,使数组保持原有的排序顺序。假定数组的首地址和末地址分别存放在 ARRHD 和 ARREND 中,数组元素均为正数。

题目分析:数组的首末地址已知,所以可以确定数组的长度。本题要插入一个数据 N,先确定插入位置 SI,然后把位于 SI 右边的数据向右移动一个位置,腾出插入位置,最后把 N 放置在 SI 的位置即可。

关键是确定插入位置 SI,从数组的尾部向头部查找,逐字取出元素值 K 与 N 比较,如果 K>N,继续向头部查找,同时把 SI 位置的元素向右移动一个位置,腾出位置等待插入数

据；否则，即 K≤N，元素值 K 的下一个位置 SI+2 就是插入位置，把数据 N 插入 SI+2 位置就可以了。

注意边界情况。如果 N 大于所有元素，则直接插入 ARREND 的下一个位置；如果 N 小于所有元素，则算法从尾部一直比较查找到头部，同时所有元素都向右移动一个位置。所以把 N 插入 ARRHD 的位置。关键是循环的结束条件，为了统一使用一个循环条件，可以在 ARRHD 的左边位置 ARRHD－2 插入一个－1，这样 N 一定大于－1，可以及时结束循环。

确定算法：程序流程图如图 5-3 所示。

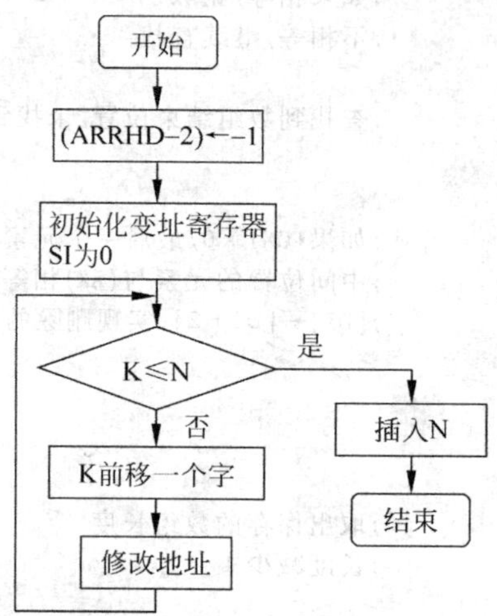

图 5-3　在数组中插入一个元素

程序如下：

```
;EX503.ASM    在一个已经排序的数组中插入一个数据
DATA SEGMENT
   ARRHD    DW 3,5,7,8,12,14,23,56
   ARREND  DW 62
   N        DW 1             ;调试时,可以设置不同的 N 值进行测试
DATA ENDS

CODE SEGMENT
MAIN PROC FAR
  ASSUME CS:CODE,DS:DATA
START:
  PUSH DS
  SUB AX,AX
  PUSH AX

  MOV AX,DATA
  MOV DS,AX

  MOV AX,N
  MOV ARRHD - 2,0FFFFH     ;最前面加 0,可以顺利结束循环
```

```
    MOV SI,0                    ;偏移 ARREND 的距离值
  COMPARE:
    CMP ARREND[SI],AX
    JLE INSERT                  ;(AX)<[SI],找到插入位置
    MOV BX,ARREND[SI]           ;(AX)≥[SI],则[SI]→[SI+2],腾出位置
    MOV ARREND[SI+2],BX
    SUB SI,2                    ;进行下一次比较
    JMP SHORT COMPARE
  INSERT:
    MOV ARREND[SI+2],AX

EXIT:
    MOV AX,4C00H
    INT 21H
MAIN ENDP
  CODE ENDS
      END START
```

【例 5-4】 计算数据 Y 中 1 的个数并存入存储单元中。

题目分析：先测试数据本身是否为 0，若为 0，直接结束；若不为 0，则先判断最高位是否为 1，若为 1(SF=1)，计数器加 1，若不为 1(SF=0)，则准备下一次测试：数据逻辑左移 1 位，把次高位左移到最高位，再判断最高位是否为 1。

确定算法：程序流程图如图 5-4 所示。

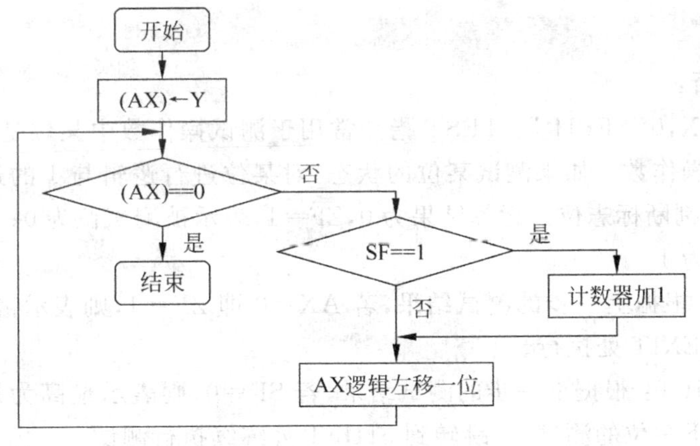

图 5-4　计算 Y 中数据位为 1 的个数

程序如下：

```
;EX504.ASM   计算数据 Y 中 1 的个数并存入存储单元中
DATA SEGMENT
   Y DW 1001011000110101B
   COUNT DW ?
DATA ENDS

CODE SEGMENT
MAIN PROC FAR
  ASSUME CS:CODE,DS:DATA
```

```
START:
  PUSH DS
  SUB AX,AX
  PUSH AX

  MOV AX,DATA
  MOV DS,AX

  MOV AX,Y              ;把 Y 存入 AX
  MOV CX,0              ;计数器 CX 置初值

REPEAT:
  TEST AX,0FFFFH        ;测试 AX 是否为 0
  JZ EXIT               ;若为 0,则结束
  JNS   SHIFT           ;若最高位为 0,则左移一位,继续测试
  INC CX                ;若最高位为 1,则计数器加 1
SHIFT:
  SHL AX,1              ;AX 的值左移一位
  JMP REPEAT            ;继续测试

EXIT:
  MOV COUNT,CX          ;计算得到的个数存入存储单元
  MOV AX,4C00H
  INT 21H
MAIN ENDP
 CODE ENDS
    END START
```

重要指令分析：

- “TEST AX,0FFFFH ”：TEST 指令常用于测试操作数中某位是否为 1,而且不会影响目的操作数。如果测试某位的状态,对某位进行逻辑与 1 的运算,其他位逻辑与 0,然后判断标志位。运算结果为 0,ZF=1,表示被测试位为 0；否则 ZF=0,表示被测试位为 1。
- JZ EXIT：根据上一步的测试结果,若 AX=0 即 ZF=1,则表示被测试的各位都为 0,跳转到 EXIT 处执行。
- JNS　SHIFT：根据上一步的测试结果,若 SF=0,则表示最高为是 0,不是 1,那么继续进行下一位的测试,故跳转到 SHIFT 处继续执行测试。

【例 5-5】 求 N!,并把运算结果存入存储单元。

题目分析：N! =N×(N−1)×(N−2)×…×2×1。利用 LOOP 指令的特性,每执行一次,计数器 CX 自动减少 1,当 CX 值为 0 时停止,所以,初始值(CX)←N,(AX)=1,执行循环体(DX,AX)←(AX)×(CX)。

确定算法：程序流程图如图 5-5 所示。

程序如下：

```
   ;EX505.ASM    求 N!
DATA SEGMENT
   N DW 5
   RESULT DW ?
```

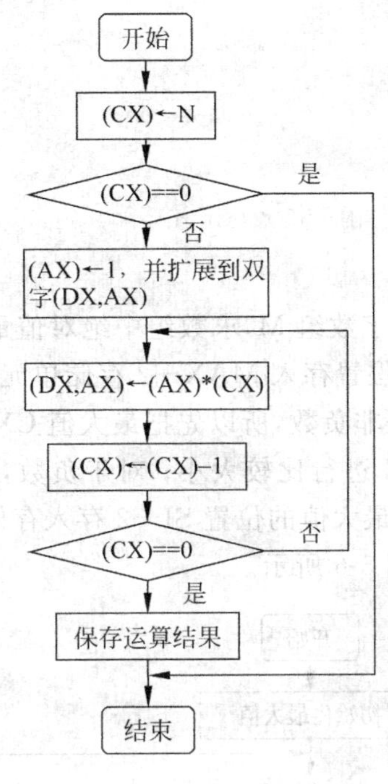

图 5-5 求 n!

```
DATA ENDS

STACK SEGMENT
  DW 100H
STACK ENDS

CODE SEGMENT
MAIN PROC FAR
  ASSUME CS:CODE,DS:DATA,SS:STACK
START:
  PUSH DS
  SUB AX,AX
  PUSH AX

  MOV AX,DATA
  MOV DS,AX
  MOV AX,STACK
  MOV SS,AX

  MOV CX,N             ;(CX)←N
  MOV AX,1             ;(AX)放置初始值 1
  CWD                  ;因为乘积要用到高 16 位 DX,所以把 AX 符号扩展到 DX
L1:
  MUL CX               ; (DX,AX)←(AX) × (CX)
  LOOP L1              ;(CX)减少 1 继续执行

  MOV RESULT,AX        ;保存计算结果到存储单元
```

```
    MOV RESULT + 2,DX

EXIT:
    MOV AX,4C00H
    INT 21H
MAIN ENDP
 CODE ENDS
    END START
```

【例 5-6】 数据段中有一个字数组 M,求数组中绝对值最大的元素,把绝对值最大的数存放在存储单元 MAX 中,并把位置存入 MAX+2 存储单元中。

题目分析:由于绝对值都是非负数,所以先把最大值 CX 初始化为 0。然后判断各个元素的正负,对于正数,直接与 CX 进行比较大小;对于负数,取相反数后与 CX 进行大小比较。求得最大值后,再把当前的最大值的位置 SI－2 存入存储单元中。

确定算法:程序流程图如图 5-6 所示。

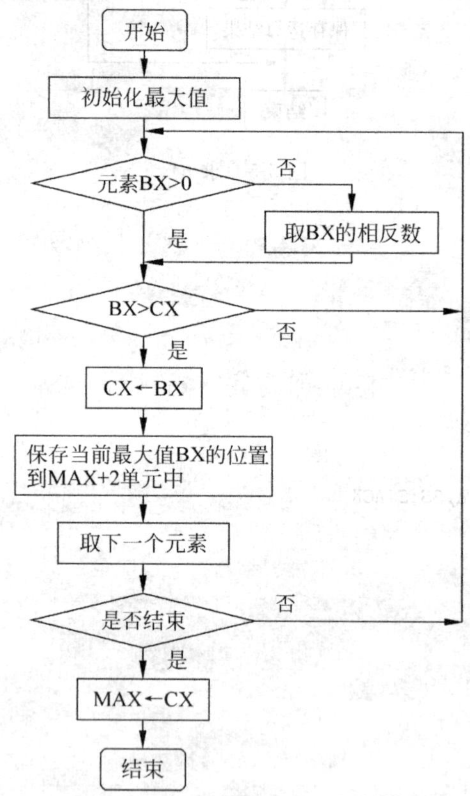

图 5-6 数组中绝对值最大的数

程序如下:

```
    ;EX506.ASM    求绝对值最大的元素
DATASEG SEGMENT
        M   DW  0,2,-5,9,6,3,-18,-4,1,-7
        MAX DW  ?,?
```

```
DATASEG ENDS
PROGNAM SEGMENT
MAIN    PROC    FAR
                ASSUME  CS:PROGNAM,DS:DATASEG
START:
        PUSH    DS
        SUB     AX,AX
        PUSH    AX
        MOV     AX,DATASEG
        MOV     DS,AX

        MOV     AL,11               ;数组长度+1
        MOV     CX,0                ;CX中存放绝对值最大的数
        LEA     SI,M                ;待比较的当前元素的位置
NEXT:
        DEC     AL                  ;数组是否比较完毕
        JZ      EXIT
        MOV     BL,[SI]             ;取出第SI个元素→BX
        MOV     BH,[SI+1]
        TEST    BH,80H              ;测试BX的正负
        JZ      BJ                  ; ZF=1,是正数
        NEG     BX                  ; ZF =0,则为负数,取相反数
BJ:                                 ;比较找出最大值
        ADD     SI,2                ;下一个要比较的位置
        CMP     CX,BX               ;最大值CX与当前值BX比较
        JNB     NEXT                ;CX>=BX,继续下一个比较
        XCHG    CX,BX               ;CX<BX,交换,把大值存入CX
        PUSH    SI                  ;记录最大值BX的位置值SI-2
        SUB     SI,2                ;SUB指令要改变SI的值,故先保存原有
        MOV     DX,SI
        MOV     [MAX+2],DX          ;SI的值
        POP     SI
        JMP     NEXT                ; 继续下一个比较
EXIT:
        MOV     MAX,CX

        RET
MAIN    ENDP
PROGNAM ENDS
        END     START
```

重要指令分析：

“TEST BH,80H”：80H的二进制表示为1000 0000，BH寄存器的8位数字和80H进行测试，就是为了比较BH寄存器中的最高位是否为1。若指令“TEST BH,80H”执行的结果是1，则执行后自动设置ZF=0，说明BH的值最高位是1，表明是负数；否则，如果执行结果为0，则BH的值高位为0，说明是个正数。

NEG　BX：对 BX 寄存器的内容取相反数。

"XCHG　CX,BX"：交换寄存器的内容。

5.2 多重循环程序

有些情况无法确定具体的循环次数，这时可以在问题中找出一个终止循环的条件。每循环一次，对循环条件进行一次检测，如满足循环条件则继续执行循环体；不满足循环条件则终止循环。利用条件转移指令实现循环，就是条件控制法实现循环。

【例 5-7】 冒泡法排序，把数组中的元素按照从小到大的顺序排序。数组的长度存放在 n 单元中。

题目分析：冒泡排序的思想，对相邻的两个数进行比较，把较小的元素向左移动，较大的元素向右移动。经过第一趟的 n－1 次比较，最大的元素排到了最右边。第二趟的比较，从第一个比较到 n－1 个，共比较 n－2 次……共进行 n－1 趟比较。

确定算法：程序流程图如图 5-7 所示。

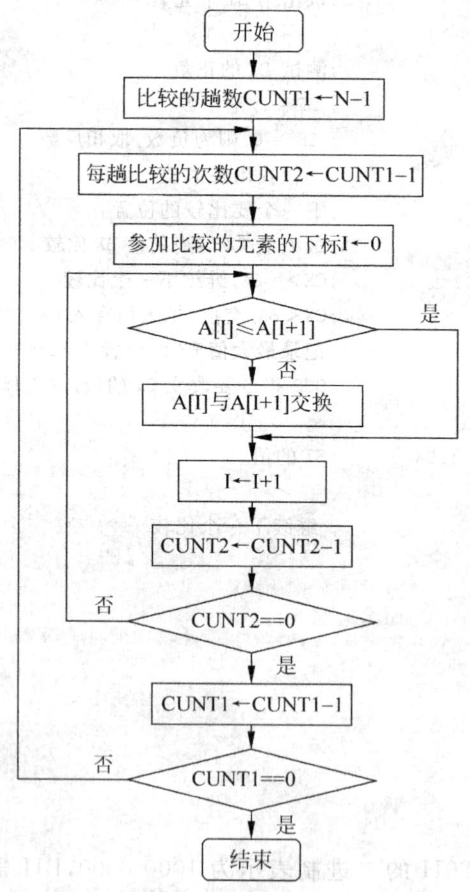

图 5-7　冒泡排序

程序如下：

```
    ;EX507.ASM   冒泡排序
DATA SEGMENT
   A DW 2,34,0,1,56,90,0,-8,0,12
   N DW 10
DATA ENDS

CODE SEGMENT
MAIN PROC FAR
  ASSUME CS:CODE,DS:DATA
START:
  PUSH DS
  SUB AX,AX
  PUSH AX

  MOV AX,DATA
  MOV DS,AX

  MOV CX,N                ;数组长度
  DEC CX                  ;比较趟数
LOOP1:
  MOV DI,CX               ;比较趟数保存在 DI 中,因为 LOOP 指令使 CX 的值发生变化
  MOV BX,0                ;BX 记录数组的下标,也即偏移地址
LOOP2:
  MOV AX,A[BX]            ;相邻两元素进行比较
  CMP AX,A[BX+2]
  JLE CONTINUE            ;A[BX]≤A[BX+2],继续下一个比较
  XCHG AX,A[BX+2]         ;A[BX]>A[BX+2],交换数据
  MOV A[BX],AX
CONTINUE:
  ADD BX,2                ; 继续下一个比较
  LOOP LOOP2

  MOV CX,DI               ;恢复比较趟数
  LOOP LOOP1              ;继续下一趟的比较

EXIT:
  MOV AX,4C00H
  INT 21H
MAIN ENDP
 CODE ENDS
    END START
```

重要指令分析：

“CMP AX,A[BX+2] JLE CONTINUE”：对数组 A 中的相邻元素进行比较，如果第 BX 个位置的元素比第 BX+2 个位置的元素小，则跳转到 CONTINUE 标号的地方准备第二次比较。指令 JLE 下面的语句表示上述条件不成立时顺序执行 JLE 下面的指令，类似于高级语言里面的 ELSE 部分，汇编语言里面没有明确的 ELSE 部分，只是通过程序的顺序执行来实现 ELSE 否定情况的执行。这里通过有条件跳转指令 JLE 改变程序流程，使循环体

语句多次执行。

在多重循环中，除了使用JMP指令实现循环外，还可以使用逻辑尺控制法实现循环。

逻辑尺：是由若干明确的二进制位组成的控制字。控制字中每个二进制位对应一次循环，每次循环允许做不同的事。控制字的长度根据问题的需要而定（一个字节、一个字或几个字或几个连续的存储单元）。逻辑尺控制法一般用在多次循环过程中分别完成不同操作的程序中。

【例 5-8】 已知数据段中有两个长度为10的字数组X和Y，其元素值分别为X1，X2，…，X10；Y1，Y2，…，Y10。变成实现如下计算并把结果存入数组Z：

Z1＝X1＋Y1　Z2＝X2＋Y2　Z3＝X3－Y3　Z4＝X4－Y4　Z5＝X5－Y5

Z6＝X6＋Y6　Z7＝X7－Y7　Z8＝X8－Y8　Z9＝X9＋Y9　Z10＝X10＋Y10

题目分析：本题进行10次计算，可以用循环次数已知的循环指令loop实现。但是每次执行的循环体有加减两种运算，为了区别每次执行加法还是减法运算，可以设置标志位，根据标志位是1还是0确定减法还是加法运算。

本题要进行10次加减运算，所以设置10个标志位，这种标志位叫作逻辑尺。根据本题的运算，设置的逻辑尺为0011011100B。从右边低位开始执行相应的操作，用逻辑右移指令把最右边的低位移入CF，根据CF的值确定执行的操作。

确定算法：程序流程图如图5-8所示。

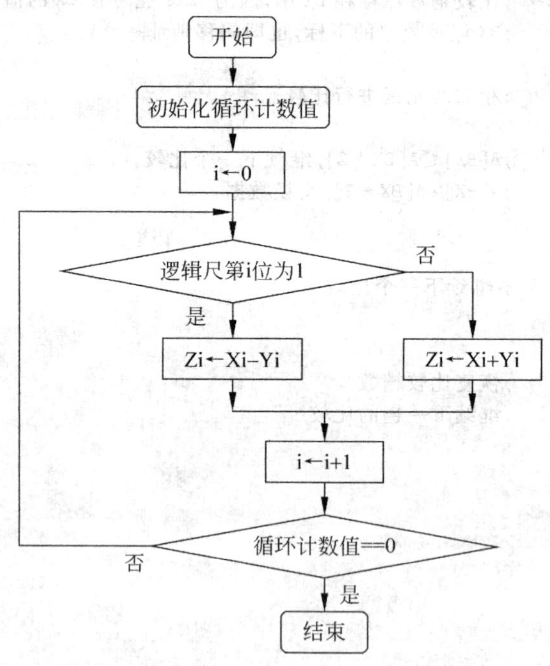

图 5-8　逻辑尺的使用

程序如下：

```
    ;EX508.ASM      两个数据元素相加或相减组成新的数组
DATA SEGMENT
  X DW 2,34,0,1,56,90,0,-8,0,  12
```

```
  Y DW 9,23,43,-2,0,1,14,87,-45,-3
  Z DW 10 DUP(?)
  LOGICRUL DW 0011011100B
DATA ENDS

CODE SEGMENT
MAIN PROC FAR
  ASSUME CS:CODE,DS:DATA
START:
  PUSH DS
  SUB AX,AX
  PUSH AX

  MOV AX,DATA
  MOV DS,AX

  MOV BX,0
  MOV CX,10
  MOV DX,LOGICRUL

NEXT:
  MOV AX,X[BX]
  SHR DX,1              ;逻辑尺右移一位,最低位移入 CF
  JC   SUBTRACT         ;CF = 1,执行减法
  ADD AX,Y[BX]          ;CF  = 0,执行加法
  JMP SHORT RESULT
SUBTRACT:
  SUB AX,Y[BX]
RESULT:
  MOV Z[BX],AX          ;计算结果存入 Z 数组
  ADD BX,2
  LOOP NEXT
EXIT:
  MOV AX,4C00H
  INT 21H
MAIN ENDP
 CODE ENDS
   END START
```

重要指令分析:

"JC SUBTRACT ADD AX,Y[BX]":根据程序上一步的操作,如果 CF 位为 1,表示逻辑尺的最右边一位为 1,即 JC 指令的条件成立,则跳转到标号为 SUBTRACT 的地方继续执行,即执行相减的操作;否则,CF 位为 0,表示逻辑尺的最右边一位为 0,应执行相加的操作。所以如果 JC 的条件不成立,程序顺序执行下一条指令,即相加的操作。

JMP SHORT RESULT:SHORT 表示短跳转,也即在同一个代码段内跳转,跳转地址的计算只需当前 IP 的值加上标号 RESULT 代表的值即可。

LOOP NEXT:LOOP 指令执行之前,一定要先设置计数器 CX 的值,CX 表示 LOOP 指令执行的次数,LOOP 指令每执行一次,计数器 CX 的值都自动减少 1。

上机实验 4：循环程序设计

本实验可以分为两次上机操作。

【实验目的】

(1) 熟悉循环实现的条件、循环体的书写和循环变量的变化。

(2) 掌握实现循环的两种方法——JMP 和 LOOP 的使用。

【实验内容】

(1) 把 BX 寄存器中的二进制数据转换为十六进制，并显示转换结果和以下字符串“12345678yourname”(前面是学号后面是名字的拼音)。

显示程序为：

```
CALL DISPMYNAME

DISPMYNAME PROC NEAR
    PUSH AX
    PUSH DX
    PUSH DS
    MOV AH,9
    MOV DX,SEG  MYNAME
    MOV DS,DX
    MOV DX,OFFSET MYNAME
    INT 21H
    POP DS
    POP DX
    POP AX
    RET
DISPMYNAME ENDP
```

(2) 根据例 5-7 程序，改进程序实现对数据段中的数组按照从小到大的顺序排序。

(3) 从键盘输入多个小写字母，依次求出该字母的前导字符和后继字符，当输入@符号时结束，然后输出这三个字符。

(4) 判断某一个数据是否为素数，并输出是否是素数的信息。

(5) 用逻辑尺求 Z 数组的值，如 X 数组的元素为 X1，X2，…，X10，Y 数组的元素为 Y1，Y2，…，Y10，计算

$$Z1=X1+Y1 \quad Z2=X2+Y2 \quad Z3=X3-Y3 \quad Z4=X4-Y4 \quad Z5=X5-Y5$$
$$Z6=X6+Y6 \quad Z7=X7-Y7 \quad Z8=X8-Y8 \quad Z9=X9+Y9 \quad Z10=X10+Y10$$

并把 Z 数组的元素值存入存储单元中。

习题 5

5-1 有一首地址为 MEM 的 100 个字的字数组，删除数组中元素为 0 的项，并将后续项向前压缩，最后将数组中的剩余部分补上 0。

5-2　在首地址为 TABLE 的字数组中，按递增次序存放着 100H 个 16 位补码数，试编写一程序，把出现次数最多的数及出现次数存放在 AX 和 CX 寄存器中。

5-3　有一首地址为 DATA 的字数组中，存放了 100H 个 16 位的补码数，试编写一程序，求出所有元素的平均值，放在 AX 寄存器中；求出数组中有多少个元素小于平均值，将结果存放在 BX 寄存器中。

5-4　根据用户输入的月份数，显示对应的英文名称。

5-5　表格查找。在仓库管理软件中，存储着有关库存品的编号、名称、数量、价格等相关信息，根据用户提供的编号可以找到有关资料。假设表格中共有 6 种库存品，表格的形式为：

```
STOKTAB DB '03','excavators'
        '04','lifters'
        '05','tvsets'
        '06','computers'
        '09','presses'
        '12','printers'
```

试编写一程序，根据用户提供的编号在终端上显示相应的产品信息。

5-6　在 string 到 string+99 的存储单元中存放着一个字符串，试编制一个程序，测试该字符串中是否存在数字，如果有数字，则将 DL 的第 5 位置 1，否则将该位置 0。

5-7　设有两个数组 A 和 B，其数据均有 20 个，两数组中的数据都按照从小到大的顺序排序，现在将两个数组合并成一个数组 C，使数组 C 按照从小到大的顺序排序。

第6章 子程序设计

子程序相当于高级语言里的过程或函数。它是可以完成一段独立功能的代码。如果某程序段在源程序内反复出现，那么就可把该程序段定义为子程序，这样可以缩短源程序长度、节省目标程序的存储空间，也可提高程序的可维护性和共享性。

在程序中定义了子程序后，就可以多次调用这个子程序。调用子程序时，要注意传送给子程序的参数及返回的运算结果的保存方法。

6.1 子程序的定义

定义子程序的一般格式如下：

```
子程序名 PROC  [NEAR|FAR]
…               ;子程序体
子程序名 ENDP
```

对子程序定义的具体规定如下：

(1)"子程序名"必须是一个合法的标识符，并前后两者要一致。

(2) PROC 和 ENDP 必须是成对出现的关键字，分别表示子程序定义开始和结束。

(3) 子程序的类型有近(NEAR)、远(FAR)之分，其默认的类型是近类型。

(4) 如果一个子程序要被另一段的程序调用，那么其类型应定义为 FAR；否则，其类型可以是 NEAR。显然，NEAR 类型的子程序只能被与其同段的程序调用。

(5) 子程序至少要有一条返回指令，也可有多条返回指令。返回指令是子程序的出口语句，但它不一定是子程序的最后一条语句。

(6) 子程序名有段值、偏移量和类型三个属性。其段值和偏移量对应于子程序的入口地址，其类型就是该子程序的类型。

编写子程序除了要考虑实现子程序功能的方法外，还要养成书写子程序说明信息的好习惯。其说明信息一般包括以下几方面内容：

(1) 功能描述。

(2) 入口和出口参数。

(3) 所用寄存器。可选项，最好采用寄存器的保护和恢复方法，使其使用透明化。

(4) 所用额外存储单元。可选项，可以为子程序定义自己的局部变量。

(5) 子程序所采用的算法。可选项，如果算法简单，可以不写。

(6) 调用时的注意事项。可选项,尽量避免除入口参数外还有其他的要求。

(7) 子程序的编写者。可选项,为将来的维护提供信息。

(8) 子程序的编写日期。可选项,用于确定程序是否是最新版本。

这些说明性信息虽然不是子程序功能的一部分,但其他程序员可通过它们对该子程序的整体信息有一个较清晰认识,为准确地调用子程序提供直接的帮助,也为实现子程序的共享提供了必要的资料。

6.2　子程序的调用和返回指令

子程序的调用和返回是一对互逆操作,也是一种特殊的转移操作。

一方面,之所以说是转移,是因为当调用一个子程序时,程序的执行顺序被改变,CPU将转而执行子程序中的指令序列,所以调用子程序的操作含有转移指令的功能。子程序返回指令的转移特性与此类似;另一方面,转移指令是一种"一去不复返"的操作;但在子程序执行完毕后,CPU能继续执行调用指令后面的下一条指令,它是一种"有去有回"的操作。

为了满足子程序调用和返回操作的特殊性,在指令系统中设置了相应的特定指令。

6.2.1　调用指令

调用子程序指令的格式如下:

```
CALL  子程序名/Reg/Mem
```

子程序的调用指令分为近(near)调用和远(far)调用。如果被调用子程序的属性是近的,那么,CALL指令将产生一个近调用,把该指令之后地址的偏移量(用一个字来表示的)压栈,把被调用子程序入口地址的偏移量送给指令指针寄存器IP即可实现程序执行的转移。

子程序调用指令本身的执行不影响任何标志位,但子程序体中指令的执行会改变标志位。如果希望子程序的执行不能改变调用指令前后的标志位.那么就要在子程序的开始处保护标志位,在子程序的返回前恢复标志位。

6.2.2　返回指令

当子程序执行完成时,需要返回到调用它的程序之中。为实现此功能,指令系统提供了一条专用的返回指令。其格式如下:

```
RET/RETN/RETF [Imm]
```

子程序的返回在功能上是子程序调用的逆操作。为了与子程序的远、近调用相对应,子程序的返回也分为远返回和近返回。返回指令在堆栈操作方面是调用指令的逆过程。其具体规定如下:

(1) 在近类型的子程序中,返回指令RET是近返回。其功能是,把栈顶之值弹出到指令指针寄存器IP中,SP会被加2。

(2) 在远类型的子程序中,返回指令RET是远返回。其功能是,先弹出栈顶之值到IP

中，再弹出栈顶之值到 CS 之中，SP 会被加 4。

【例 6-1】 编写一个求字符串长度的子程序 STRLEN，该字符串以 0 为结束标志，其首地址存放在 DS:DX，其长度保存在 CX 中返回。

题目分析：子程序功能：求字符串的长度。

入口参数：DS:DX 存放字符串的首地址，该字符串以 0 为结束标志。

出口参数：CX 存放该字符串的长度。

确定算法：用 BX 作指针来扫描字符串中的字符，如果遇到其结束标志，则停止扫描字符串操作。

用流程图表示的算法如图 6-1 所示。

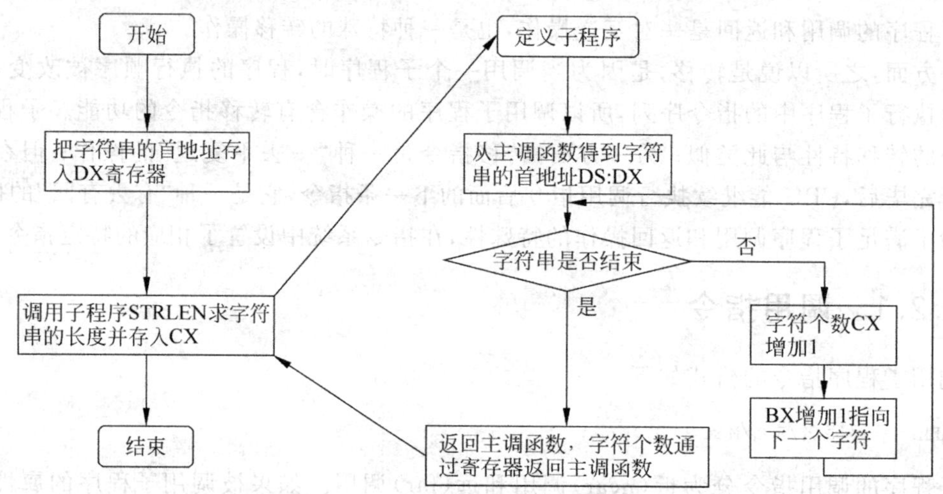

图 6-1 子程序的定义调用和返回

程序如下：

```
;EX601.ASM  计算字符串的长度
.MODEL SMALL
.DATA
    STR DB  'THIS IS A SUBPROCEDURE!',0
.STACK  200H
.CODE
MAIN PROC FAR
START:
        MOV AX,@DATA
        MOV DS,AX
        LEA DX,STR          ;把字符串的首地址存入 DX 寄存器
        CALL STRLEN         ;调用子程序 STRLEN 求字符串的长度
MAIN ENDP

STRLEN PROC NEAR            ;子程序 STRLEN 的定义
        PUSH AX             ;保护原有寄存器内容,因为子程序要更改这些寄存器的内容
        PUSH BX
        XOR  CX,CX          ;计数器清 0
        XOR  AL,AL          ;字符串结束标志 0
```

```
    MOV  BX,DX     ;通过寄存器DX把字符串的首地址传送给子程序中的BX,让BX依次指示各个字符
  AGAIN:
    CMP  [BX],AL
    JZ   OVER      ;字符串结束,退出
    INC  CX        ;字符串没有结束,计数器加1
    INC  BX        ;指向下一个字符
    JMP AGAIN      ;继续计算字符个数
  OVER:
    POP  BX        ;子程序返回主调函数前恢复原有内容
    POP  AX

    RET            ;从子程序返回主调函数MAIN
STRLEN ENDP

 END START
```

程序分析：主程序把子程序要用的字符串首地址存入DS:DX中，调用子程序求出字符串长度，主程序结束。子程序，依次比较每个字符，若字符串没有结束，则计数器CX+1；若字符串结束，则子程序也结束。子程序结束时寄存器CX的值就是字符串的长度，通过寄存器返回主程序要求的结果。

6.3 子程序的参数传递

子程序一般都是完成某种特定功能的程序段。当一个程序调用一个子程序时，通常都向子程序传递若干个数据让它来处理；当子程序处理完后，一般也向调用它的程序传递处理结果，称这种在调用程序和子程序之间的信息传递为参数传递。

用程序向子程序传递的参数称为子程序的入口参数，子程序向调用它的程序传递的参数称为子程序的出口参数。子程序的入口参数和出口参数都是任意项，对某个具体的子程序来说，要根据具体情况来确定其入口和出口参数。

程序和被调用子程序之间的参数传递方法是程序员自己或和别人事先约定的信息传递方法。这种信息传递方法可以是多种多样的，本节只介绍常用的、行之有效的参数传递方法，包括寄存器传递参数、约定存储单元传递参数、堆栈传递参数和地址表传送参数。

6.3.1 寄存器传递参数

一方面，由于CPU中的寄存器在任何程序中都是“可见”的，一个程序对某寄存器赋值后，在另一个程序中就能直接使用，所以用寄存器来传递参数最直接、简便，也是最常用的参数传递方式；另一方面，CPU中寄存器的个数和容量都是非常有限，所以该方法适用于传递较少的参数信息。在用寄存器传送参数时，子程序可能会改变某些寄存器的内容，如果在主程序中不希望更改这些寄存器的值，要在子程序中及时保存原有寄存器的值。

【例6-2】 按5位十进制的形式显示寄存器BX中的内容，如果BX的值小于0，则应在显示数值之前显示负号。

例如，(BX)=123，显示00123；(BX)=-234，显示-00234。

题目分析：子程序的功能是把寄存器 BX 的内容按十进制有符号数显示出来。

入口参数：BX，存放要转换的十六进制数。

出口参数：无，只有显示信息，显示对应的十进制数。

确定算法：

(1) 定义 6 字节的存储单元。

(2) 先判断 BX 是否小于 0，如果是，则先显示负号，再取 BX 的绝对值。

(3) 采用除 10 得余数的方法，从低位向高位求出每位十进制位。

(4) 输出数据的字符串。

用流程图表示的算法如图 6-2 所示。

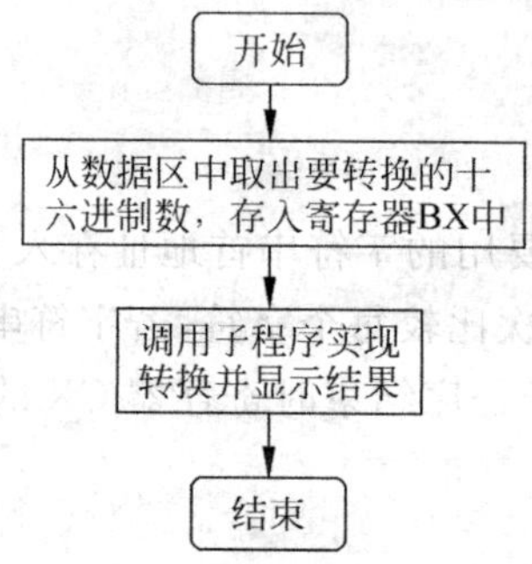

图 6-2 寄存器传递参数

程序如下：

```
;EX602.ASM  把 BX 寄存器的内容以十进制数的形式显示出来
DATA SEGMENT
   M DW 0F234H
DATA ENDS

STACK SEGMENT
  DW 100 DUP(?)
  TOS LABEL WORD
STACK ENDS

CODE SEGMENT
MAIN PROC FAR
  ASSUME CS:CODE,DS:DATA,SS:STACK
START:
  PUSH DS
  SUB AX,AX
  PUSH AX

  MOV AX,DATA
  MOV DS,AX

  MOV AX,STACK
  MOV SS,AX
  MOV SP,OFFSET TOS
```

```
    MOV  BX,M               ;待显示的十六进制数存入 BX 寄存器
    CALL DISPBX             ;调用子程序实现转换,BX 的值由主调函数传入子程序
  EXIT:
    MOV AX,4C00H
    INT 21H
  MAIN ENDP

  SUBDATA  SEGMENT          ;子程序中用到的数据段定义
    DB  5 DUP('0'),0AH,0DH,'$'
  SUBDATA ENDS
  DISPBX PROC NEAR
      ASSUME DS:SUBDATA
      PUSH DS               ;保护主调函数原有寄存器的值
      PUSH DX
      PUSH CX
      PUSH AX
      MOV   AX,SUBDATA      ;转换成功的十进制数存入 SUBDATA 数据区
      MOV   DS,AX
      CMP   BX,0            ;从主调函数传入的十六进制数在 BX 中比较确定正负数
      JGE   NEXT            ;(BX)≥0,到正数区执行转换
      MOV   DL,'-'          ;(BX) < 0,则先输出一个负号
      MOV   AH,2
      INT   21H
      NEG   BX              ; (BX) < 0,然后取相反数
  NEXT:                     ;十六进制数转换为十进制数的过程
      MOV   SI,4
      MOV   AX,BX
      MOV   CX,10D
  AGAIN:
      XOR   DX,DX
      IDIV CX               ;(DX,AX)←(AX)/(CX),商在 AX 中,余数在 DX 中,DL 也就是 BX 的最低位
      ADD   DL,'0'
      MOV   [SI],DL         ;最低位转换为字符存入 DS:SI 中次低位的存放位置
      DEC   SI
      JGE   AGAIN           ;开始下一位的转换
      XOR   DX,DX           ;DX 置 0,从偏移地址为 0 的地方开始
      MOV   AH,9            ;显示 DS:DX 的内容
      INT   21H
      POP   AX              ;恢复主调函数原有的数据
      POP   CX
      POP   DX
      POP   DS
      RET
  DISPBX ENDP

   CODE ENDS
      END START
```

参数传递分析：待转换的十六进制数存放在BX寄存器中，从主调函数MAIN传入被调用函数DISPBX，所以，被调用函数DISPBX中使用的BX值就是要转换的数据。在被调用函数DISPBX中，每转换一位十进制数后，就把这个十进制数转换为字符存入被调用函数DISPBX的数据区SUBDATA中；然后用21H中断显示数据区中的数据。

6.3.2 约定存储单元传递参数

在调用子程序时，当需要向子程序传递大量数据时，因受到寄存器容量的限制，不能采用寄存器传递参数的方式，而要改用约定存储单元的传送方式。这种参数传递方式有点像情报人员和联络人员之间的传递信息方式，一个向指定地点放情报，另一个从指定地点取情报。

【例 6-3】 在数据段中存放一个数组，计算所有元素的累加结果，并把结果存放在存储单元中。

题目分析：

子程序功能：求数组中所有元素的累加和。

入口参数：子程序直接存取数据段中的存储单元。

出口参数：求得的累加和放在存储单元SUM中。

确定算法：数组长度在子程序中求出，灵活方便程序的调试。两个变量的偏移地址之差正好是数据存储区的大小，用这个数据存储区的大小除以一个数据的存放长度，等于数据的个数。

利用循环指令LOOP累加数组中各元素，累加完毕把结果存入数据存储区中的SUM单元中，用流程图表示的算法如图6-3所示。

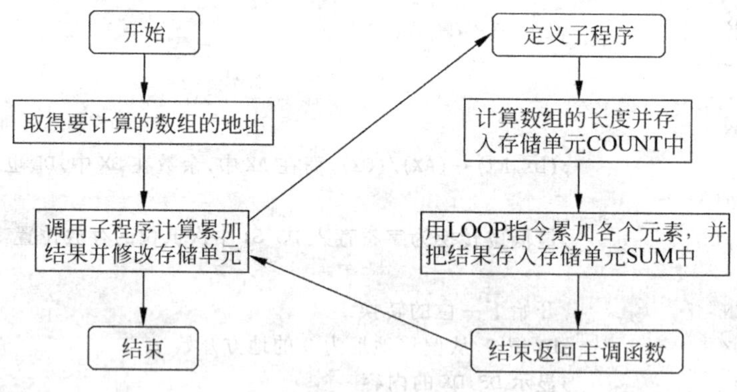

图 6-3 存储单元传递参数

程序如下：

```
;EX603.ASM 计算数组元素的累加和
DATAREA SEGMENT
    ARY   DW  12,3,76,34,58,-4,0,-12,9           ;定义数组元素
    COUNT DW  $
    SUM   DW  ?
DATAREA ENDS
```

```
STACK SEGMENT
        DB     256   DUP(0)
TOS     LABEL   WORD
STACK ENDS

PROGNAM SEGMENT
MAIN    PROC   FAR
  ASSUME CS:PROGNAM,DS:DATAREA,SS:STACK
START:
       MOV AX,STACK
       MOV SS,AX
       MOV SP,OFFSET TOS

       PUSH DS
       SUB AX,AX
       PUSH AX

       MOV AX,DATAREA
       MOV DS,AX                                   ;取出数据段地址存入 DS

       CALL NEAR PTR PROADD                        ;调用子程序求累加和

       RET
MAIN ENDP

PROADD PROC NEAR                                   ;子程序的定义
    PUSH AX                                        ;保护现场
    PUSH CX
    PUSH SI

    LEA SI,ARY                                     ;从约定的数据区中取出数组的首地址
    XOR DX,DX                                      ;求数组的长度
    MOV AX,OFFSET COUNT                            ;先取 COUNT 的偏移地址
    SUB AX,OFFSET ARY                              ;COUNT 与 ARY 的地址之差是数据区的大小
    MOV CX,TYPE ARY
    IDIV CX                                        ;除以一个数据的大小,求得数组的长度
    MOV COUNT,AX                                   ;数组长度存入 COUNT 存储单元
    MOV CX,AX                                      ;同时数组长度存入 CX 中
    XOR AX,AX                                      ;用 AX 存放累加和,所以先清 0
 NEXT:
    ADD AX,[SI]                                    ;累计各个元素
    ADD SI,TYPE ARY
    LOOP NEXT

    MOV SUM,AX                                     ;把求得结果存入存储单元 SUM
    POP SI                                         ;返回主程序前,恢复原有的数据
    POP CX
    POP AX
```

```
    RET
PROADD ENDP

PROGNAM ENDS
    END  START
```

参数传递分析：主程序和子程序在同一个代码段内，共用同一数据区，就像主程序和子程序是同一个过程一样。它们对数据段内数据的操作相互可以看见，可以直接使用。这类似于高级语言中的地址传递参数，主调函数和被调函数对同一个地址内的数据执行操作，主调函数的操作直接反映在被调用函数中，被调函数的操作也直接反映在主调函数中。

6.3.3 堆栈传递参数

堆栈是一个特殊的数据结构，数据的存储是按照后进先出的方式使用的，通常用来保存程序的返回地址。当用它来传递参数时，先在主程序中把参数的地址保存到堆栈中，再在子程序中从堆栈中取出参数以达到传送参数的目的。所以在使用堆栈时会造成数据和返回地址混合在一起的局面，用起来要特别仔细。

具体做法如下：

(1) 当用堆栈传递入口参数时，要在调用子程序前把有关参数依次压栈，子程序从堆栈中取到入口参数。

(2) 当用堆栈传递出口参数时，要在子程序返回前，把有关参数依次压栈(这里还需要做点额外操作，要保证返回地址一定在栈顶)，调用程序就可以从堆栈中取到出口参数。

在通常情况下，用堆栈传入口参数，用寄存器传出口参数。

在子程序中取入口参数的方法：

1. 段内调用子程序

由于是段内调用，所以 CALL 指令只把返回地址的偏移量(即 IP 的内容)压栈，如图 6-4(a)所示。在进入子程序后，为了能读取传递过来的参数，需要用 BP 访问堆栈，所以要先保护 BP 原来的值，再把当前 SP 的值传送给 BP。

当前 BP 所指向的堆栈单元与最后一个参数 Paran 之间隔着 BP 的原值和返回地址的偏移量，也就是说，两者之间相差 4 字节，如图 6-4(b)所示。

BP 是基址指针寄存器，常用来指示堆栈的栈底。SP 是堆栈指针寄存器，常用来指示堆栈的栈顶。

【例 6-4】 在子程序中读取用堆栈传递参数的一般方法如下程序片段所示。

```
SUBPRO PROC   NEAR
    PUSH BP                              ;保护寄存器 BP
    MOV BP,SP                            ;用寄存器 BP 来访问堆栈，读取参数
    MOV Paran,[BP + 4]                   ;保护其他寄存器的指令
    MOV Para1,[BP + 4 + 2 × (n - 1)]     ;保护其他寄存器的指令
     ⋮
SUBPRO ENDP
```

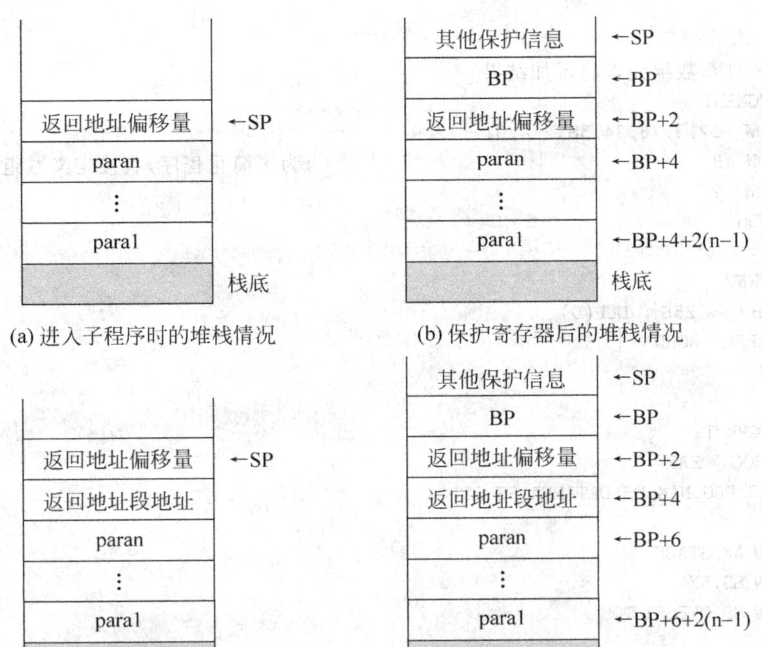

(a) 进入子程序时的堆栈情况　　(b) 保护寄存器后的堆栈情况

(c) 进入子程序时的堆栈情况　　(d) 保护寄存器后的堆栈情况

图 6-4　堆栈传递参数时的堆栈内容

2. 段间调用子程序

在段间调用子程序时，CALL 指令会把返回地址的偏移量和段寄存器 CS 的内容都压栈，如图 6-4(c)所示。在进入子程序后，与前面“段内调用子程序”一样，也需要用 BP 来读取传递过来的参数，所以，也要先保护 BP 原来的值，再把当前 SP 的值传送给 BP。

这时，当前 BP 所指向的堆栈单元与最后一个参数 Paran 之间隔着 BP 的原值、返回地址的偏移量和段地址，所以两者之间相差 6 字节，如图 6-4(d)所示。

在段间调用时，除了多一个返回段地址外，其他的内容与“段内调用”的情况完全一致，所以，在读取第 i 个参数时，只要用[BP＋6＋4(n－i)]代替[BP＋4＋2(n－i)]即可(假设每个参数都是字类型)。

利用堆栈来保存和恢复寄存器内容，要注意以下几点：

(1) 用堆栈保存和恢复寄存器的内容，要注意堆栈“先进后出”的操作特点。

(2) 通常情况下不保护入口参数寄存器的内容，当然也可以根据事先的约定而对它们加以保护。

(3) 如果用寄存器带回子程序的处理结果，那么这些寄存器就不能保护。

(4) 整个子程序的执行几乎肯定要改变标志位，可用 PUSHF 和 POPF 来保护和恢复标志位，但除非特殊需要，一般在子程序中不保护标志位。

【例 6-5】 在数据段中存放一个数组，计算所有元素的累加结果并把结果存放在存储单元中，用堆栈传送参数。

程序如下：

```
;EX605.ASM 计算数组元素的累加结果
DATAREA SEGMENT
    ARY   DW  12,3,76,34,58,-4,0,-12,9
    COUNT DW  9                                    ;为了简化程序,直接定义数组的长度
    SUM   DW  ?
DATAREA ENDS

STACK SEGMENT
        DB     256   DUP(0)
TOS      LABEL  WORD
STACK ENDS

PROGNAM SEGMENT
MAIN     PROC   FAR
  ASSUME CS:PROGNAM,DS:DATAREA,SS:STACK
START:
        MOV AX,STACK
        MOV SS,AX
        MOV SP,OFFSET TOS

        PUSH DS                                    ;把原有的数据段中的数据入栈
        SUB AX,AX
        PUSH AX

        MOV AX,DATAREA
        MOV DS,AX

        MOV BX,OFFSET ARY                          ;把存储单元中的数据保存在堆栈中
        PUSH BX                                    ;便于子程序从堆栈中取出相关参数直接使用

        MOV BX,OFFSET COUNT
        PUSH BX
        MOV BX,OFFSET SUM
        PUSH BX           ;FAR PTR 使 PROADD 的代码段 CS 的值发生了变化,故把原有 CS,IP 的值入栈

        CALL FAR PTR PROADD

        RET
MAIN ENDP
PROGNAM ENDS

CODE2 SEGMENT                                      ;FAR 属性,要定义新的代码段
    ASSUME CS:CODE2
 PROADD PROC FAR                                   ;PROADD 过程使用新的代码段 CS
    PUSH BP                                        ;保存原有的堆栈段的栈底 BP 指针
    MOV   BP,SP                                    ;让 BP 指向当前的栈顶,SP 永远指向栈顶
    PUSH AX
    PUSH CX
    PUSH SI
    PUSH DI                                        ;此时 SP 指向 DI 的存放位置,即栈顶
    MOV   SI,[BP+0AH]
    ;根据计算,原来保存在堆栈中的 ARY 距离当前栈顶 BP 有 5 个数据,每个都是字数据,故相差 10 字节
```

```
        MOV   DI,[BP + 8]
        MOV   CX,[DI]
        MOV   DI,[BP + 6]
        XOR   AX,AX                             ;AX 清 0,存放累加结果
      NEXT:
        ADD AX,[SI]
        ADD SI,TYPE ARY
        LOOP NEXT
        MOV [DI],AX                             ;把累加结果存放在 SUM 存储单元中

        POP DI
        POP SI
        POP CX
        POP AX
        POP BP
        RET 6

    PROADD ENDP

    CODE2 ENDS
        END   START
```

参数传递分析：主程序把数组 ARY、长度 COUNT 以及累加结果 SUM 的地址保存在堆栈中，作为传递给子程序的参数，子程序可以直接从堆栈中取得所需数据进行使用。在子程序中，由于要使用 BP 寄存器，所以先保存原有 BP 的值。在子程序中，让 BP 指向堆栈最满时的栈顶 SP，此时的堆栈如图 6-5 所示。此时，SP 距离 ARY 地址的存放位置有 5 个字的距离，即 10 字节，所以，BP＋0AH 指向 ARY 地址的存放位置，所以"MOV SI,[BP＋0AH]"可以使 SI 指向数组 ARY 的首地址。BP＋08H 指向 COUNT 地址的存放位置，BP＋06H 指向 SUM 地址的存放位置。

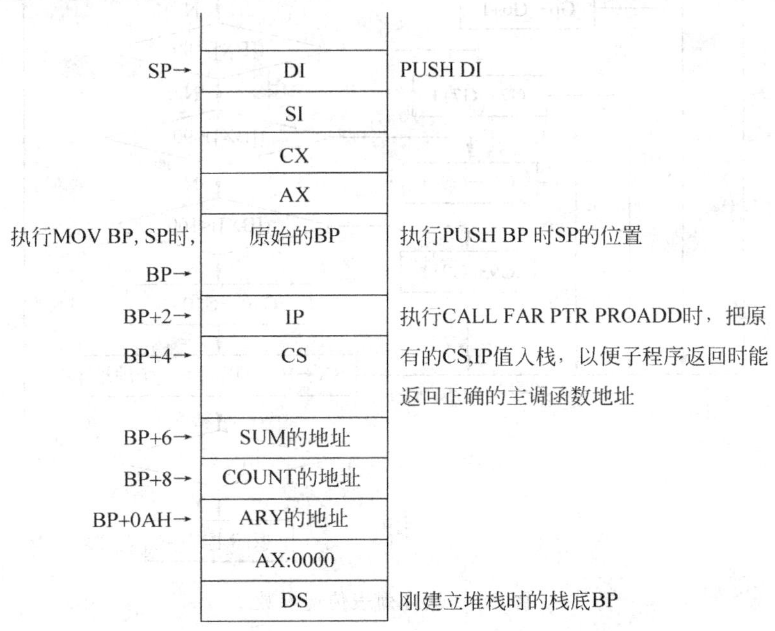

图 6-5　用堆栈传递参数，堆栈最满时的堆栈状态

6.3.4 地址表传递参数

用地址表传送参数，需要在主程序中建立一个地址表，把要传送的子程序的参数都存放在地址表中，然后把地址表的首地址通过寄存器传送到子程序中。使用地址表的方法可以灵活的多次调用一个子程序实现对不同的数据的操作。

【例 6-6】 统计学生成绩。在数据段中存放着若干个学生的成绩，编制一个子程序，统计低于 60 分、60～69 分、70～79 分、80～89 分、90～99 分和 100 分的人数并把结果保存在存储单元中，用地址表传送参数。

题目分析：通过比较，找出某一个分数 M 所属于的分数段，该分数段的人数增加 1。然后循环操作上述过程，实现对所有成绩的统计计数。

把学生的成绩存放在数组中，每个分数段的人数定义一个存储单元，最后把计数的结果存入相应的存储单元中。

确定算法：算法的流程图如图 6-6 所示。

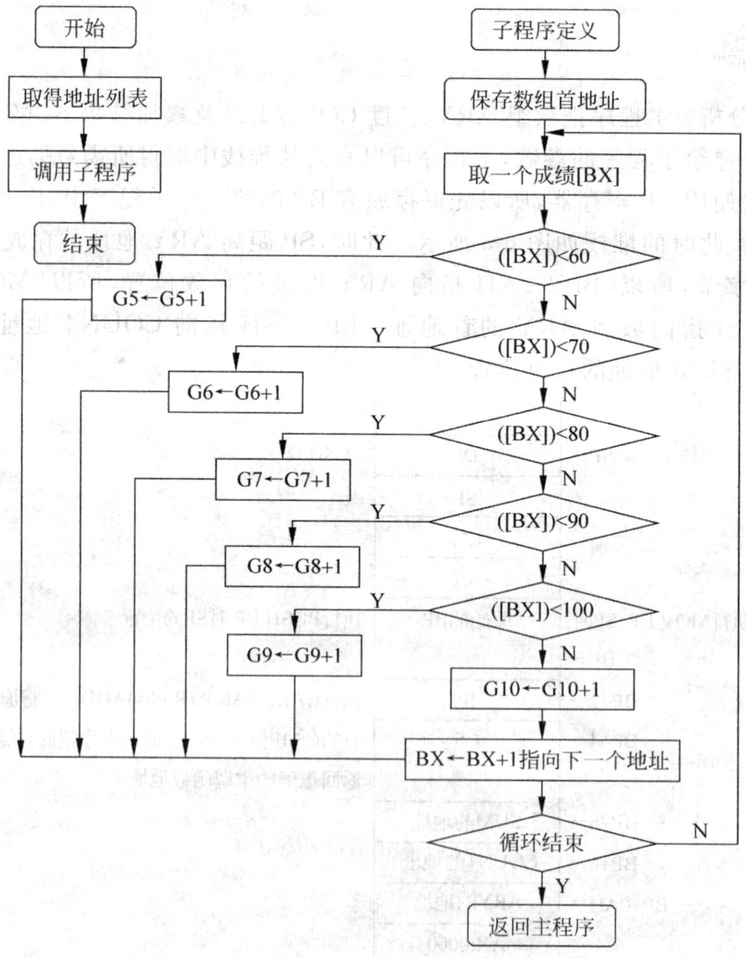

图 6-6 地址列表传递参数

程序如下：

```
;EX606.ASM 计算数组元素的累加和
DATA SEGMENT
   SCORE DW  62,84,60,14,56,90,50,100,70,82  ;10 个学生成绩

   G5 DW 0                                   ;存放每个分数段人数的存储单元
   G6 DW 0
   G7 DW 0
   G8 DW 0
   G9 DW 0
   G10 DW 0
DATA ENDS

STACK SEGMENT
  DW 100 DUP(?)
  TOS LABEL WORD
STACK ENDS

CODE SEGMENT
MAIN PROC FAR
  ASSUME CS:CODE,DS:DATA,SS:STACK
START:
  PUSH DS
  SUB AX,AX
  PUSH AX

  MOV AX,DATA
  MOV DS,AX
  MOV AX,STACK
  MOV SS,AX
  MOV SP,OFFSET TOS

  MOV BX,OFFSET SCORE                        ;传递给子程序的地址列表
  CALL  COUNT                                ;调用子程序求每个分数段的人数

EXIT:
  MOV AX,4C00H
  INT 21H
MAIN ENDP

COUNT PROC NEAR
    MOV CX,10                                ;学生的人数
    MOV SI,BX                                ;保存地址列表的初始地址,即数组的首地址
                                             ;便于计算 G5、G10 等偏离初始地址的偏移值
 COMP:
    MOV AX,[BX]                              ;通过地址列表取得每个分数
    CMP AX,60
    JL  S5
    CMP AX,70
    JL S6
```

```
        CMP AX,80
        JL S7
        CMP AX,90
        JL S8
        CMP AX,100
        JL S9

    S10:                                    ;各个分数段计数
        INC WORD PTR[SI + 30]               ;G10 偏离 30 字节
        JMP NEXT
    S5:INC WORD PTR[SI + 20]                ;G5 的地址偏离地址列表初始地址 SI 的值为
        JMP NEXT                            ;数组的长度,即 10 个字(20 字节)。
    S6:INC WORD PTR[SI + 22]                ;G6 偏离 22 字节
        JMP NEXT
    S7:INC WORD PTR[SI + 24]                ;G7 偏离 24 字节
        JMP NEXT
    S8:INC WORD PTR[SI + 26]                ;G8 偏离 26 字节
        JMP NEXT
    S9:INC WORD PTR[SI + 28]                ;G9 偏离 28 字节

    NEXT:
        ADD BX,TYPE SCORE                   ;地址指针指向下一个地址
        LOOP COMP                           ;循环比较各个分数

        RET
  COUNT ENDP
    CODE ENDS
        END START
```

参数传递分析：子程序要使用的地址表在主程序的数据段内定义,调用时,把地址表的首地址传递给子程序,子程序取得了首地址,就可以在程序中计算其他要用变量的地址。

在主程序中,取得数组的首地址,其他的地址可以通过首地址计算。计算方法为：每个存储单元偏离数组首地址的偏移量,加上数组首地址。在子程序中,传递过来的首地址存放在 BX 寄存器中,为了取出下一个数组元素,BX 的值要发生变化,所以,要正确表示各个分数段 G5,G6,…,G10 的地址,必须先把数组首地址保存起来,保存地址的寄存器要使用可以让地址计数的寄存器,如 BX,SI,DI 等,不能使用 DX,AX 等。通常用 AX,DX 保存数据,CX 用作计数器,保存地址的常用 BX,SI,DI。

6.4 子程序举例

【例 6-7】 人名排序。输入若干个人的姓名,按照字母升序的次序将人名排序,并在屏幕上显示已经排好顺序结果。

题目分析：本程序可由以下几个子程序构成。

(1) READNAME：从键盘输入人名放入 NAMEPAR 存储区中,并用空格填充其后的单元。

(2) STRNAME：把人名从 NAMEPAR 传送到 NAMTAB 中。

(3) SORT：用冒泡法对人名进行排序。用 SWAPED 作为交换标志控制循环的结束,

若要交换,则调用 EXCHAGE 子程序来交换。

(4) DISP：显示已经排序的人名。

确定算法如图 6-7 所示。

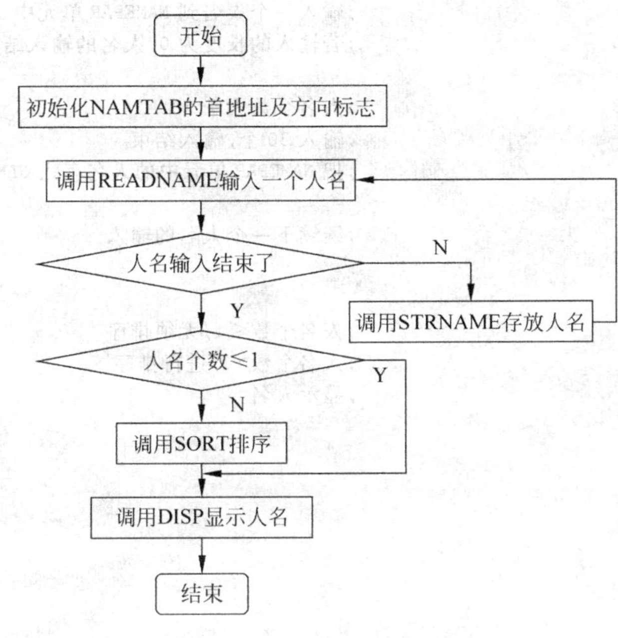

图 6-7 人名排序

程序如下：

```
;EX607.ASM    人名排序
.MODEL SMALL
.STACK 40H
.DATA
   NAMEPAR LABEL BYTE                       ;输入的人名临时存放单元
   MAXLEN   DB 21                           ;最大的字符数
   NAMELEN DB ?                             ;实际输入的字符数
   NAMEFLD DB 21 DUP(?)                     ;实际输入的字符串存放单元
   CRLF      DB 13,10,'$'                   ;换行回车
   ENDADDR DW ?                             ;排序时最后的比较位置
   MESS1    DB 'NAME?','$'                  ;输出的提示信息
   MESS2    DB 'SORTED
   NAMES:',13,10,'$'
   NAMECTR DB 0                             ;实际输入的人名个数
   NAMTAB   DB 30 DUP(20 DUP(''))           ;多个人名的存放地址表
   NAMSAV   DB 20 DUP(?),13,10,'$'          ;一个人名的临时存放单元
   SWAPED   DB 0                            ;是否有数据交换的标志位

.CODE
  BEGIN PROC FAR
   MOV AX,@DATA
   MOV DS,AX                ;本程序有很多字符串的传送和比较指令,便于操作,把DS、ES指定为同一段
   MOV ES,AX
```

```
    CLD
    LEA DI,NAMTAB                              ;取出人名地址表地址
  A20LOOP:
    CALL READNAME                              ;输入一个人名到 NAMEPAR 单元中
    CMP  NAMELEN,0                             ;若输入的长度为 0,人名的输入结束
    JZ   A30
    CMP  NAMECTR,30                            ;人名个数大于 30
    JE   A30                                   ;输入 30 个,输入结束
    CALL STRNAME                               ;把 NAMEPAR 单元中的人名存入 NAMTAB

    JMP  A20LOOP                               ;继续下一个人名的输入
  A30:
    CMP  NAMECTR,1
    JBE  A40                                   ;人名个数≤1,无须排序
    CALL SORT                                  ;人名个数>1,进行排序
    CALL DISP                                  ;显示人名
  A40:
    MOV AX,4C00H
    INT 21H
BEGIN ENDP

READNAME PROC NEAR
    MOV  AH,09
    LEA  DX,MESS1
    INT  21H
    MOV  AH,0AH
    LEA  DX,NAMEPAR                            ;输入的人名存入 DS:DX 中
    INT  21H
    MOV  AH,09
    LEA  DX,CRLF
    INT  21H

    MOV  BH,0                                  ;实际输入的人名字符个数
    MOV  BL,NAMELEN
    MOV  CX,21
    SUB  CX,BX                                 ;需要填充的空格个数
  B20:
    MOV  NAMEFLD[BX],20H                       ;空格填入 NAMEFLD 的后面空间
    INC  BX
    LOOP B20

    RET
READNAME ENDP
STRNAME PROC NEAR
   INC NAMECTR        ;把实际输入的字符串 NAMEFLD 存入 NAMTAB 中,每存入一个名字,名字个数增加 1
   CLD
   LEA SI,NAMEFLD
   MOV CX,10                                ;为了简化操作,ES 和 DS 指向同一个段 ES:[DI]←DS:[SI]
   REP MOVSW                   ;同时 SI,DI 增加字符串的长度,即 SI 和 DI 都指向下一个人名的位置
```

```
    RET
  STRNAME ENDP

  SORT PROC NEAR                        ;冒泡排序
    SUB DI,40                           ;人名输入完毕,DI指向最后一个人名的下一个人名空间
    MOV ENDADDR,DI                      ;ENDADDR指向最后一个人名的起始地址
   G20:
    MOV SWAPED,0                        ;SWAPED == 0,无交换,SWAPED == 1,交换
    LEA SI,NAMTAB
   G30:
    MOV CX,20
    MOV DI,SI                           ;DI指向SI的下一个人名
    ADD DI,20
    MOV AX,DI                           ;保存进行比较的两个人名的地址
    MOV BX,SI
    REPE CMPSB                          ;ES:[SI] - ES:[DI],同时SI和DI自动增加
    JBE G40                             ;若ES:[SI]≤ES:[DI],进行下一个比较
                                        ;若ES:[SI]>ES:[DI],交换这两个数据
    CALL EXCHAGE
  G40:
    MOV SI,AX                           ;SI指向下一个人名(保存在AX中)
    CMP SI,ENDADDR                      ;是否是最后一个人名
    JBE G30                             ;不是最后一个,继续比较
    CMP SWAPED,0
    JNZ G20                             ;上一步有交换,继续下一趟的比较

    RET
  SORT ENDP

  EXCHAGE PROC NEAR                     ;ES:[SI]>ES:[DI],交换这个数据
    MOV CX,10                           ;借助临时单元NAMSAV
    LEA DI,NAMSAV                       ; ES:[DI]←DS:[SI]
    MOV SI,BX                           ;[ NAMSAV]←[BX](原SI)
    REP MOVSW                           ;REP结束,SI正好移到原来DI的位置

    MOV CX,10
    MOV DI,BX                           ;ES:[DI]←DS:[SI]
    REP MOVSW                   ; [BX] (原SI)←[AX] (原DI)结束后DI正好指向原来DI的位置
    MOV CX,10                           ;ES:[DI]←DS:[SI]
    LEA SI,NAMSAV                       ; [DI] (原DI)←[NAMSAV] (原SI)
    REP MOVSW
    MOV SWAPED,1

    RET
  EXCHAGE ENDP

  DISP PROC NEAR                        ;显示相关信息
    MOV AH,09
    LEA DX,MESS2
    INT 21H
```

```
    LEA SI,NAMTAB                ;把 NAMTAB 中的每个人名复制到临时单元 NAMSAV 中,并显示出来
K20:
    LEA DI,NAMSAV
    MOV CX,10
    REP MOVSW                    ;MOVSW 结束,DI 正好指向 NAMTAB 中下一个人名的位置
    MOV AH,09
    LEA DX,NAMSAV
    INT 21H

    DEC NAMECTR                  ;输出一个人名,个数减少 1
    JNZ K20
    RET
DISP ENDP
    END  BEGIN
```

参数传递分析：主程序 BEGIN 和子程序 READNAME 使用相同的存储区域,在子程序 READNAME 中输入姓名存入 NAMEPAR 存储区,人名的长度存入 NAMELEN,这样所有的子程序都可以直接从 NAMEPAR 存储区取到所需要的数据。

子程序 STRNAME 把 NAMEPAR 存储区中的人名存入 NAMTAB 单元,利用 REP MOVSW 把 DS:SI 中的内容存入 ES:DI,由于 DS、ES 是同一个数据段,所以数据在同一个段内移动。

所有的人名都存入 NAMTAB 后,就可以排序了。由于 NAMTAB 的地址在主程序中增加,所以经过上面的 READNAME 和 STRNAME 后,DI 指向 NAMTAB 中所有人名的下一个人名地址空间,排序开始时,要注意设置结束位置 ENDADDR,DI－40 指向最后一个人名的第一个字符。

在排序时,SI 指向 NAMTAB 中要比较的人名,DI 指向 SI 的下一个人名。相邻的两个人名进行比较,如果[SI]>[DI],则交换着两个位置的内容。利用 REPE CMPSB 时,地址指针 SI、DI 都在变化,所以,执行该指令之前,先把 SI、DI 的值保存在 BX、AX 中。交换时借助中间变量 NAMSAV 存放一个数据。

同样,在输出人名时,也是先把 NAMTAB 中的多个人名依次移入 NAESAV 临时单元,然后显示。

【例 6-8】 数组段的存储单元中存放着两个数 M、N,求出它们的最大公约数和最小公倍数,也存放在数据段的存储单元中。用子程序实现。

题目分析：子程序 MAXQUS,求出 M、N 的最大公约数存入存储单元 MAXIN 中。

子程序 MINQUS,求出 M、N 的最小公倍数存入存储单元 MININ 中。

在求最大公约数时,先把较小的数据存入 AX 寄存器,较大的数据存入 BX 中,然后将较小的数据存入 CX 寄存器。计算：M 除以 CX,商在 AX 中,余数在 DX 中,判断 DX 是否等于 0,若 DX 不等于 0,直接进行下一次的计算。若 DX 等于 0,再判断 N 除以 CX 的余数是否等于 0,若余数等于 0,则 CX 的值就是最大公约数；若 N 除以 CX 的余数不等于 0,则进行下一次的计算。在下一次的计算中,让 CX 的值减少 1,循环进行计算,直到 CX 小于 2 为止。

确定算法：子程序 MAXQUS 的流程如图 6-8 所示。

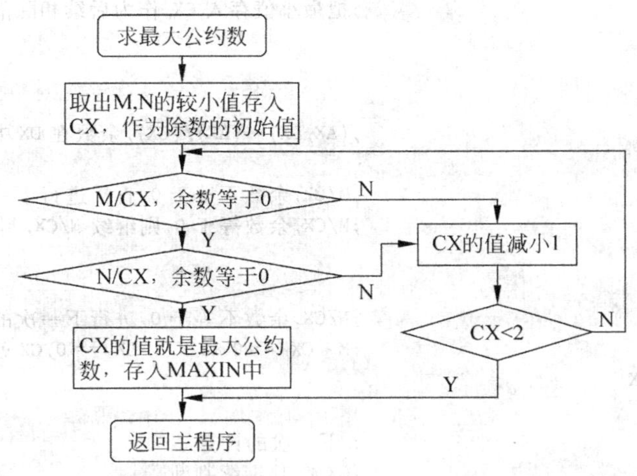

图 6-8 求最大公约数

程序如下：

```
;EX608.ASM    求最大公约数和最小公倍数
    DATA SEGMENT
       M DW  56
       N DW  4
       MAXIN  DW  1                    ;预存最大公约数为 1
       MININ DW  1                     ;预存最小公倍数为 1
    DATA ENDS

    CODE SEGMENT
     MAIN PROC FAR
        ASSUME CS:CODE,DS:DATA
    START:
       PUSH DS
       SUB AX,AX
       PUSH AX

       MOV AX,DATA
       MOV DS,AX

       CALL MAXQUS                     ;调用子程序求最大公约数
       CALL MINQUS                     ;调用子程序求最小公倍数
       RET
    MAIN ENDP

    MAXQUS PROC NEAR
     MOV AX,M                          ;比较找出 M,N 的最小值
     MOV BX,N
     CMP AX,BX
     JBE GRTDIV

     XCHG AX,BX
    GRTDIV:
```

```
 MOV CX,AX                            ;把最小值存入 CX,作为后续相除的除数的初始值
CMT:
 MOV DX,0
 MOV AX,M
 DIV CX                               ;(AX,DX)←(AX)/(CX),余数在 DX 中
 CMP DX,0
 JNZ NEXT                             ;M/CX,余数不等于 0,直接进行下一次的计算
 MOV AX,N                             ;M/CX,余数等于 0,则继续 N/CX,判断余数
 DIV CX
 CMP DX,0
 JNZ NEXT                             ;N/CX,余数不等于 0,进行下一次的计算
                                      ;M % CX == 0 && N % CX == 0,CX 就是最大公约数
 MOV MAXIN,CX
 JMP EXIT
NEXT:                                 ; 下一次的计算
 DEC CX                               ;CX 减 1,继续判断
 CMP CX,2
 JGE   CMT
EXIT:
 RET

MAXQUS ENDP

MINQUS PROC NEAR                      ;求最小公倍数
 MOV DX,0
 MOV AX,M
 MOV BX,N
 MUL BX                               ;M、N 的乘积除以最大公约数,就是最小公倍数
 DIV MAXIN
 MOV MININ,AX

 RET
MINQUS ENDP
CODE ENDS
 END START
```

参数传递分析：数据 M,N 用寄存器传递给子程序，在子程序 MAXQUS 中求出它们的最大公约数存入存储单元 MAXIN，在子程序 MINQUS 中求出它们的最小公倍数存入存储单元 MININ。

【例 6-9】 显示学生名次表。

以 GRADE 为首地址的 10 个字数组中保存了学生的成绩，其中，GRADE+I 保存学号为 I+1 的学生成绩，要求建立一个 10 个字的 RANK 数组，并根据 GRADE 中的学生成绩将学生名次填入 RANK 数组中，其中，RANK+I 的内容是学号为 I+1 的学生的名次（提示：一个学生的名次等于成绩高于该学生的人数加 1）。再按学号顺序把名次显示出来。

题目分析：

MAIN 总控模块：输入一个班级的学生成绩 GRADE，计算每个人的名次，并把对应每个成绩的名次填入各个名次表 RANK 中。

INPUT：输入 50 个数据作为成绩存放在 GRADE 数组中，其中要调用 DECBIN 子程序把从键盘上输入的一个十进制数转换为二进制数。

RANKP：从 GRADE 数组中取出成绩，计算名次，存入 RANK 数组中。
OUTPUT：按学号顺序输出名次。
确定算法：程序的流程图如图 6-9 所示。

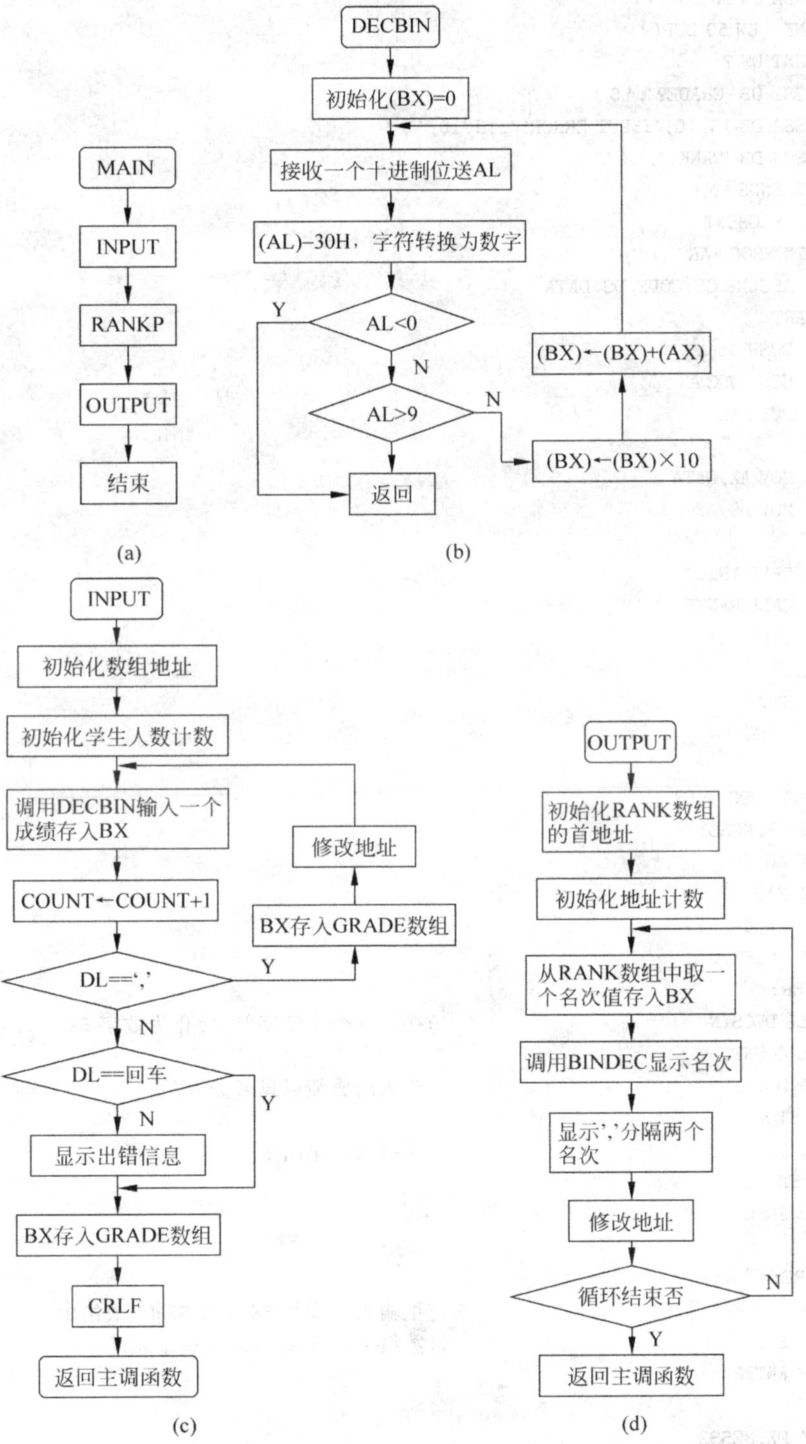

图 6-9 名次计算流程图

程序如下：

```
;EX609.ASM   显示学生名次表
    DATA SEGMENT
     GRADE DW 50 DUP(?)
     RANK  DW 50 DUP(?)
     COUNT DW ?
     MESS1 DB 'GRADE?','$'
     MESS2 DB 13,10,'INPUT ERROR!',13,10,'$'
     MESS3 DB 'RANK:','$'
    DATA ENDS
    CODE SEGMENT
     MAIN PROC FAR
        ASSUME CS:CODE,DS:DATA
     START:
        PUSH DS
        SUB  AX,AX
        PUSH AX

        MOV AX,DATA
        MOV DS,AX

        CALL INPUT
        CALL RANKP
        CALL OUTPUT

        RET
     MAIN ENDP

    INPUT PROC NEAR
     LEA DX,MESS1
     MOV AH,09
     INT 21H
     MOV SI,0
     MOV COUNT,0
    ENTER:
     CALL DECBIN                        ;接收一个成绩字符,转化为数字 BX
     INC COUNT
     CMP DL,','                         ;输入的成绩以逗号分开
     JE STORE
     CMP DL,13                          ;成绩以回车结束
     JE EXIT2
     JNE ERROR

    STORE:
     MOV GRADE[SI],BX                   ;把输入的成绩 BX 存入 GRADE 数组中
     ADD SI,2                           ;数组下标加 2,指向下一个元素
     JMP ENTER
    ERROR:
     LEA DX,MESS2
     MOV AH,09
```

```
 INT 21H
EXIT2:                                  ;输入的 DL 是回车,输入结束,
 MOV GRADE[SI],BX                       ;把成绩 BX 存入 GRADE 数组中
 CALL CRLF
 RET
INPUT ENDP

RANKP PROC NEAR                         ;名次计算
 MOV DI,COUNT                           ;成绩总个数
 MOV BX,0

LOOP1:
 MOV AX,GRADE[BX]                       ;计算第 BX 个成绩的名次
 MOV WORD PTR RANK[BX],0
 MOV CX,COUNT
 LEA SI,GRADE
NEXT:
 CMP AX,[SI]
 JG NOCOUNT
 INC WORD PTR RANK[BX]                  ;第 BX 成绩<第 SI 成绩,则 BX 的名次加 1
NOCOUNT:
 ADD SI,2                               ;与下一个成绩比较
 LOOP NEXT
 ADD BX,2
 DEC DI
 JNE LOOP1
 RET
RANKP ENDP

OUTPUT PROC NEAR
 LEA DX,MESS3
 MOV AH,09
 INT 21H
 MOV SI,0
 MOV DI,COUNT
NEXT1:
 MOV BX,RANK[SI]                        ;把 SI 个学生的名次 RANK[SI]输出
                                        ;名次存入 BX,用 BX 传递参数,转换为十进制数输出
 CALL BINDEC
 MOV DL,','
 MOV AH,02
 INT 21H
 ADD SI,2
 DEC DI
 JNZ  NEXT1
 CALL CRLF
 RET
OUTPUT ENDP

DECBIN PROC NEAR
 MOV BX,0                               ;十进制数转化为二进制数
```

```
NEWCHAR:
 MOV AH,1
 INT 21H
 MOV DL,AL                        ;输入的字符在 AL 中
 SUB AL,30H                       ;保存输入的字符
 JL EXIT1                         ;把字符转换为数字
 CMP AL,9D
 JG EXIT1
 CBW

 XCHG AX,BX
 MOV CX,10D                       ;数字构成整数
 MUL CX
 XCHG AX,BX
 ADD BX,AX
 JMP NEWCHAR
EXIT1:
   RET
DECBIN ENDP

BINDEC PROC NEAR
 PUSH BX                          ;二进制转化为十进制数并显示
 PUSH CX
 PUSH SI
 PUSH DI
 MOV   CX,100D
 CALL DECDIV                      ;取出各个数字
 MOV   CX,10D
 CALL DECDIV
 MOV   CX,1D
 CALL DECDIV
 POP   DI
 POP   SI
 POP   CX
 POP   BX
 RET
BINDEC ENDP
DECDIV PROC NEAR
 MOV AX,BX
 MOV DX,0
 DIV CX
 MOV BX,DX

 MOV DL,AL
 ADD DL,30H
 MOV AH,02H
 INT 21H
 RET
DECDIV ENDP
CRLF PROC NEAR
```

```
    MOV AL,0DH
    MOV AH,02H
    INT 21H
    MOV AL,0AH
    MOV AH,02H
    INT 21H
    RET
CRLF ENDP

CODE ENDS
    END START
```

上机实验5：子程序设计

本实验可以分为两次上机操作。

【实验目的】

(1) 熟悉子程序调用中的参数传递的方法。

(2) 增强记忆各种常用指令的用法。

【实验内容】

(1) 先显示以下字符串"12345678yourname"(前面是学号后面是名字的拼音)。然后输入十进制数字用十六进制显示。用寄存器传递参数。

(2) 累加数组中所有元素的值,用堆栈传递参数。

(3) 统计学生成绩。在数据段中存放着若干个学生的成绩,编制一个子程序,统计低于60分、60～69分、70～79分、80～89分、90～99分和100分的人数并把结果保存在存储单元中。用地址表传送参数。

(4) 数组段的存储单元中存放着两个数M、N,求出它们的最大公约数和最小公倍数,也存放在数据段的存储单元中。用子程序实现。

(5) 以GRADE为首地址的10个字数组中保存了学生的成绩,其中,GRADE+I保存学号为I+1的学生成绩,要求建立一个10个字的RANK数组,并根据GRADE中的学生成绩将学生名次填入RANK数组中,其中,RANK+I的内容是学号为I+1的学生的名次(提示：一个学生的名次等于成绩高于该学生的人数加1)。再按学号顺序把名次显示出来。

习题6

6-1 从键盘输入一个十六进制的正数,把它转换为十进制数并在屏幕上显示。

6-2 在数据区中有10条信息,编号为0～9,每个信息包括30个字符,编写一个程序,根据键盘输入的编号,在屏幕上显示相应的信息。

6-3 位串插入。在数据区中存放一个字符串string,称为源串,另有一个字符串bitsg,它是一个右对齐的位串,长度用"bitsg_len="这样的伪操作来说明。要求把字符串bitsg插入到源串string中。

6-4　在字符串中查找每一个字符出现的次数。从键盘输入一个字符串存放在数据区的数组 str 中。输出字符串中的每个字符及每个字符出现的次数。

6-5　从键盘输入一个姓名和电话号码,并把它显示出来。

主程序:

```
显示提示符 input name
调用子程序 in_name 输入人名
显示提示符 input a telephone number
调用子程序 in_phon 输入电话
```

第7章 宏汇编

宏是程序设计的一个基本概念，把一段程序代码用一个特定标识符（即宏名）来表示。这样，在编写源程序时，程序员就可以直接使用该标识符来代替一段代码的编写，从而减少了重复代码的编写工作，也为减少错误、提高程序的可维护性提供了帮助。

通常情况下，宏是用来代表一个具有特定功能的程序段，它只在源程序中定义一次，但可在源程序中引用多次。只要在编写程序时需要，就可以直接使用它。

7.1 宏汇编

7.1.1 宏汇编定义

格式：

```
宏指令名   MACRO
             （宏定义体）
           ENDM
```

MACRO是宏定义符，将一个宏指令名定义为宏定义体中包含的程序段。ENDM表示宏定义结束，前面不需要有宏指令名。进行一次宏定义，以后就可以多次用宏指令名进行宏调用。必须“先定义，后调用”。宏调用的方法，就是直接写出宏名。

当汇编时，MASM对每个宏指令名，自动用相应宏定义体中的程序段代替，这个过程称为宏扩展。使用宏指令的过程共有三步：首先进行宏定义；然后进行宏调用；最后汇编时由MASM进行宏扩展。

宏定义允许嵌套，即宏定义体中可以包含另一个宏定义，而且宏定义体中也可以有宏调用，但是也必须“先定义，后调用”。

【例7-1】 若源程序中多处需要将BL和CL寄存器中两个压缩的BCD数相加，并将和送回BL寄存器，则可定义如下宏指令，然后在需要的地方进行调用。

```
BCDADD      MACRO
                MOV   AL,BL
                ADD   AL,CL
                DAA
                MOV   BL,AL
                ENDM
```

7.1.2 带参数的宏定义

宏定义允许带参数，此时可定义的宏指令具有较强的通用性。带参数的宏定义格式如下：

```
宏指令名  MACRO  参数[,参数,…]
                 (宏定义体)
            ENDM
```

以上宏定义中的参数称为形式参数(dummy parameter)，或称哑元。当形式参数不止一个时，各个参数相互之间要用逗号分开。宏调用时，应在宏指令名后面写上相应的实际参数(actual parameter)，或称实元。一般情况下，实际参数与形式参数的个数和顺序均为一一对应。但是，汇编程序允许两者的个数不等。当实际参数多于形式参数时，多余的实际参数将被忽略；当形式参数多于实际参数时，认为多余的形式参数为空。

【例 7-2】 用带参数的宏实现两个数相加的运算。

```
DECADD1 MACRO   OPR1,OPR2
        MOV          AL,OPR1
        ADD          AL,OPR2
        DAA
        MOV          OPR1,AL
ENDM
```

利用本例中的宏定义可对分别存放在任何 8 位寄存器或存储单元中的两个压缩 BCD 数进行加法运算。例如，有以下宏调用：

```
DECADD1  DL,BUFFER
DECADD1  AREA1,AREA2
```

“DECADD1 DL,BUFFER”扩展为：

```
1     MOV  AL,DL
1     ADD  AL,BUFFER
1     DAA
1     MOV  DL,AL
```

“DECADD1 AREA1,AREA2”扩展为：

```
1     MOV  AL,AREA1
1     ADD  AL,AREA2
1     DAA
1     MOV  AREA1,AL
```

宏扩展后，原来宏定义体中的指令前面加上了符号“1”，表示这是由宏展开的指令，早期版本的汇编结果用+表示。

7.1.3 声明宏体内局部标号的伪指令(LOCAL)

LOCAL 的作用是声明宏体中的局部标号，以免在宏扩展时，同一个标号在源程序中多次出现，从而产生标号多重定义的错误。LOCAL伪指令必须位于宏体内其他所有语句（包括注释）之前，其格式为：

```
LOCAL  局部标号[,…]
```

汇编时，程序对LOCAL伪操作中的每一个局部标号建立唯一的符号（用??0000～??FFFF）表示。

【例7-3】 用宏指令实现将寄存器中的一位十六进制数转换为相应的ASCII码的功能。由于宏体中出现局部标号，因此必须使用LOCAL伪指令对宏体中的局部标号进行声明。

```
HEXTOASC  MACRO    REG
          LOCAL    NUM
          CMP      REG,0AH
          JC       NUM
          ADD      REG,07H
          NUM:
          ADD REG,30H
            ENDM
```

若宏调用为：

```
HEXTOASC   BX

HEXTOASC   AX
```

宏展开后为：

```
1  CMP     BX,0AH
1  JC      ??0000
1  ADD     BX,07H
1 ??0000:
1  ADD     BX,30H

1  MP      AX,0AH
1  JC      ??0001
1  ADD     AX,07H
1 ??0001:
1  ADD     AX,30H
```

7.1.4 宏指令与子程序的区别

宏指令是用一条指令来代替一段程序以简化源程序的设计，子程序（过程）也有类似的功能。宏指令与子程序的区别主要表现在以下方面：

（1）宏指令由宏汇编程序MASM在汇编过程中进行处理，在每个宏调用处，将相应的宏体插入；而子程序调用指令CALL和返回指令RET则是CPU指令，执行CALL指令时，CPU使程序的流程转移到子程序的入口地址。

（2）宏指令简化了源程序，但不能简化目标程序。汇编以后，在宏定义处不产生机器代码,但在每个宏调用处,通过宏扩展,宏体中指令的机器代码被插入到宏调用处,因此不节省内存单元;对于子程序来说,在目标程序中定义子程序的地方将产生相应的机器代码,但每次调用时,只需用 CALL 指令,不再重复出现子程序的机器代码,一般来说可以节省内存单元。

(3) 从执行时间来看,调用子程序和从子程序返回需要保护断点、恢复断点等,这些都将额外占用 CPU 的时间;而宏指令则不需要额外时间,因此相对来说,它的执行速度较快。

此外,宏指令更加接近高级语言,而且传送参数更加方便。

7.2 条件汇编

7.2.1 条件汇编定义

条件汇编伪指令是告诉汇编程序:根据某种条件确定一组程序段是否加入到目标程序中。使用条件汇编伪指令的主要目的是,同一个源程序能根据不同的汇编条件生成不同功能的目标程序,增强宏定义的使用范围。

条件汇编伪指令的一般格式如下:

```
IFnnmm  条件表达式
        语句组 1
[ELSE
        语句组 2]
ENDIF
```

其中,IFnnmm 是表 7-1 中的伪指令,"[…]"内的语句是可选的。

条件汇编伪指令是在汇编程序把源程序转换成目标程序时起作用,其一般含义是:若条件汇编伪指令后面的"条件表达式"为真,那么语句组 1 将被汇编;否则,语句组 2 将被汇编(如果含有 ELSEIF 伪指令)。

语句组 1 或语句组 2 内还可以包括条件汇编伪指令,这时就形成了嵌套的条件汇编伪指令。一个嵌套的 ELSEIF 伪指令总是与最近的、还没有与其他 ELSEIF 伪指令相匹配的 IFnnnn 伪指令相匹配。

每条条件汇编伪指令的具体含义如表 7-1 所示。

表 7-1 条件汇编伪指令

伪 指 令	含 义
IF exp	若数值表达式 exp 的值不为 0,则条件成立,语句组 1 参与汇编
IFE exp	若数值表达式 exp 的值为 0,则语句组 1 包含在目标文件中
IFDEF label	若标号 label 有定义或被说明为 EXTRN,则语句组 1 包含在目标文件中
IFNDEF label	若标号 label 没有定义,也没被说明为 EXTRN,则语句组 1 包含在目标文件中
IFB＜参数＞	在宏引用时,若该形参没有相应的实参相对应,则语句组 1 包含在目标文件中
IFNB＜参数＞	在宏引用时,若该形参有相应的实参相对应,则语句组 1 包含在目标文件中
IFIDN＜参数 1＞,＜参数 2＞	若参数 1＝参数 2,则语句组 1 包含在目标文件中

续表

伪指令	含义
IFDIF<参数 1>,<参数 2>	若参数 1≠参数 2,则语句组 1 包含在目标文件中
IF1	若汇编程序在第一遍扫描时,则语句组 1 包含在目标文件中
IF2	若汇编程序在第二遍扫描时,则语句组 1 包含在目标文件中

7.2.2 条件汇编伪指令的举例

【例 7-4】 编写一个可用 DOS 或 BIOS 功能调用输入字符的宏定义。

用 IF 和 IFDEF 两种条件汇编伪指令来实现宏的定义。

程序如下：

```
;EX704A 条件汇编伪指令 IF 的使用
INPUT1  MACRO
        IF  DOS             ;当符号 DOS 不为 0 时,则使用 DOS 的功能调用
            MOV  AH,1H
            INT    21H
        ELSE                ;否则,将使用 BIOS 的功能调用
            MOV  AH,10H
            INT    16H
        ENDIF
        ENDM
```

在引用宏 INPUT1 时,汇编程序会根据 DOS 是否为 0 来生成调用不同输入功能的程序段。

```
;EX704B  条件汇编伪指令 IFDEF 的使用

INPUT2 MACRO
      IFDEF DOS             ;当定义了 DOS,则使用 DOS 的功能调用
            MOV  AH,1H
            INT    21H
      ELSE                  ;否则,将使用 BIOS 的功能调用
            MOV  AH,10H
            INT    16H
      ENDIF
      ENDM
```

在引用宏 INPUT2 时,汇编程序会根据符号 DOS 是否已定义来生成调用不同输入功能的程序段。

【例 7-5】 编写一个可用功能调用输入字符的宏定义。

程序如下：

```
;EX705 条件汇编伪操作 IFNB IFDIF 的使用
READCH  MACRO  CHAR
        MOV    AH,1H
        INT    21H                      ;接受一个字符,并存入 AL 中
```

```
        IFNB  <CHAR>                    ;若参数 CHAR 有实参与之对应
             IFDIF  <CHAR>,<AL>  ;若参数 CHAR≠AL,则把所输入字符保存到实参中
               MOV   CHAR,AL
             ENDIF
        ENDIF
        ENDM
```

上机实验 6：高级子程序与宏的设计

【实验目的】

(1) 掌握子程序的设计和各种参数调用方法。

(2) 熟悉宏汇编指令的使用。

【实验内容】

(1) 在数据段中定义 10 个字符串，分别放置 Msg0～Msg9 的存储单元中，从键盘输入一个数字 0～9，输出对应的字符串，若输入的不是这个数字，程序退出。用子程序实现。

(2) 用宏实现以下功能：从键盘输入两个数据存入存储单元 D1 和 D2，把它们的和存放在存储单元 SUM 中，然后在主程序调用该宏。

(3) 编写一个宏的定义和调用的程序，实现把寄存器中的整数转换为字符并输出的功能。

习题 7

7-1 在宏定义时，使用的关键字是什么？宏名是否需要成对出现？

7-2 在宏引用时，是否要求实参与形参的个数相等？若不要求，请简述当两者个数不一致时会出现什么情况？

7-3 宏和子程序的主要区别有哪些？一般在什么情况下选用宏较好？在什么情况下选用子程序较好？

7-4 宏的参数如何传入宏定义体的？宏的参数传递与子程序的参数传递有哪些区别？

7-5 在有标号的宏定义体中，为什么最好使用 LOCAL 伪指令来说明标号？它在宏定义体中应处于什么位置？

7-6 子程序和宏中的 LOCAL 伪指令的作用有哪些不同？

7-7 编写一个宏 AddList Para1，Para2，num，其功能是将从 Para2 开始的内存单元的值加到以 Para1 开始的内存单元中，num 是相加的字节数。

7-8 编写一个宏 SUM Data，Length，Result，其功能是求从 Data 开始的字节累加和，并把结果存入字类型参数 Result 中，Length 是需要累加的字节数。

附录A ASCII码

表 A-1　ASCII 码表(0～128)

ASCII 值	控制字符	ASCII 值	控制字符	ASCII 值	控制字符	ASCII 值	控制字符
0	NUT	32	(space)	64	@	96	、
1	SOH	33	!	65	A	97	a
2	STX	34	"	66	B	98	b
3	ETX	35	#	67	C	99	c
4	EOT	36	$	68	D	100	d
5	ENQ	37	%	69	E	101	e
6	ACK	38	&	70	F	102	f
7	BEL	39	,	71	G	103	g
8	BS	40	(	72	H	104	h
9	HT	41	)	73	I	105	i
10	LF	42	*	74	J	106	j
11	VT	43	＋	75	K	107	k
12	FF	44	,	76	L	108	l
13	CR	45	—	77	M	109	m
14	SO	46	.	78	N	110	n
15	SI	47	/	79	O	111	o
16	DLE	48	0	80	P	112	p
17	DC1	49	1	81	Q	113	q
18	DC2	50	2	82	R	114	r
19	DC3	51	3	83	S	115	s
20	DC4	52	4	84	T	116	t
21	NAK	53	5	85	U	117	u
22	SYN	54	6	86	V	118	v
23	TB	55	7	87	W	119	w
24	CAN	56	8	88	X	120	x
25	EM	57	9	89	Y	121	y
26	SUB	58	:	90	Z	122	z
27	ESC	59	;	91	[	123	{
28	FS	60	<	92	\	124	|
29	GS	61	＝	93	]	125	}
30	RS	62	>	94	^	126	～
31	US	63	?	95	—	127	DEL

表 A-2 扩展 ASCII 表(128～255)

代码	字符	代码	字符	代码	字符	代码	字符
128	€	160	[空格]	192	À	224	à
129	□	161	¡	193	Á	225	á
130	,	162	¢	194	Â	226	â
131	ƒ	163	£	195	Ā	227	ã
132	,,	164	¤	196	Ä	228	ä
133	…	165	¥	197	Å	229	å
134	†	166	¦	198	Æ	230	æ
135	‡	167	§	199	Ç	231	ç
136	ˆ	168	¨	200	È	231	ç
137	‰	169	©	201	É	232	è
138	Š	170	ª	202	Ê	233	é
139	<	171	≪	203	Ë	234	ê
140	Œ	172	¬	204	Ì	235	ë
141	□	173	-	205	Í	236	ì
142	Ž	174	®	206	Î	237	í
143	□	175	«	207	Ï	238	Î
144	□	176	°	208	D	239	ï
145	‘	177	±	209	Ñ	240	ð
146	’	178	²	210	Ò	241	ñ
147	“	179	3	211	Ó	242	ò
148	”	180	′	212	Ô	243	ó
149	•	181	μ	213	Ō	244	ô
150	–	182	¶	214	Ö	245	õ
151	—	183	•	215	×	246	ö
152	~	184	,	216	Ø	247	÷
153	™	185	¹	217	Ù	248	ø
154	š	186	º	218	Ú	249	ù
155	›	187	»	219	Û	250	ú
156	œ	188	¼	220	Ü	251	û
157	□	189	½	221	Ý	252	ü
158	ž	190	¾	222	Ь	253	ý
159	Ÿ	191	¿	223	ß	254	þ

表 A-3 键盘常用 ASCII 码

Esc 键 VK_ESCAPE (27)	F5 键：VK_F5 (116)
Enter 键：VK_RETURN (13)	F6 键：VK_F6 (117)
Tab 键：VK_TAB (9)	F7 键：VK_F7 (118)
Caps Lock 键：VK_CAPITAL (20)	F8 键：VK_F8 (119)
Shift 键：VK_SHIFT ($10)	F9 键：VK_F9 (120)
Ctrl 键：VK_CONTROL (17)	F10 键：VK_F10 (121)
Alt 键：VK_MENU (18)	F11 键：VK_F11 (122)
空格键：VK_SPACE ($20/32)	F12 键：VK_F12 (123)
退格键：VK_BACK (8)	Num Lock 键：VK_NUMLOCK (144)
左徽标键：VK_LWIN (91)	小键盘 0：VK_NUMPAD0 (96)
右徽标键：VK_LWIN (92)	小键盘 1：VK_NUMPAD0 (97)
鼠标右键快捷键：VK_APPS (93)	小键盘 2：VK_NUMPAD0 (98)
Insert 键：VK_INSERT (45)	小键盘 3：VK_NUMPAD0 (99)
Home 键：VK_HOME (36)	小键盘 4：VK_NUMPAD0 (100)
Page Up：VK_PRIOR (33)	小键盘 5：VK_NUMPAD0 (101)
Page Down：VK_NEXT (34)	小键盘 6：VK_NUMPAD0 (102)
End 键：VK_END (35)	小键盘 7：VK_NUMPAD0 (103)
Delete 键：VK_DELETE (46)	小键盘 8：VK_NUMPAD0 (104)
方向键(←)：VK_LEFT (37)	小键盘 9：VK_NUMPAD0 (105)
方向键(↑)：VK_UP (38)	小键盘.：VK_DECIMAL (110)
方向键(→)：VK_RIGHT (39)	小键盘 *：VK_MULTIPLY (106)
方向键(↓)：VK_DOWN (40)	小键盘+：VK_MULTIPLY (107)
F1 键：VK_F1 (112)	小键盘-：VK_SUBTRACT (109)
F2 键：VK_F2 (113)	小键盘/：VK_DIVIDE (111)
F3 键：VK_F3 (114)	Pause Break 键：VK_PAUSE (19)
F4 键：VK_F4 (115)	Scroll Lock 键：VK_SCROLL (145)

附录B Debug命令

1. 汇编命令 A

格式：A[起始地址]

功能：将输入源程序的指令汇编成目标代码并从指定地址单元开始存放。若缺省起始地址，则从当前 CS：100 地址开始存放。A 命令按行汇编，主要用于小段程序的汇编或对目标程序的修改。

2. 反汇编命令 U

格式 1：U[起始地址]

格式 2：U[起始地址][结束地址|字节数]

功能：

格式 1 从指定起始地址处开始将 32 字节的目标代码转换成汇编指令形式，缺省起始地址，则从当前地址 CS:IP 开始。

格式 2 将指定范围的内存单元中的目标代码转换成汇编指令。

3. 显示、修改寄存器命令 R

格式：R[寄存器名]

功能：若给出寄存器名，则显示该寄存器的内容并可进行修改。缺省寄存器名，则按以下格式显示所有寄存器的内容及当前值(不能修改)。

```
AX = 0000 BX = 0004 CX = 0020 DX = 0000 SP = 0080 BP = 0000 SI = 0000
DI = 0000 DS = 3000 ES = 23A0 CS = 138E IP = 0000
NV UP DI PL NZ NA PO NC
138E:0000 MOV AX,1234
-R AX                  ; 输入命令
AX 0014                ; 显示 AX 的内容,供修改,不修改按回车。
```

若对标志寄存器进行修改，输入-RF，屏幕显示如下信息，分别表示 OF、DF、IF、SF、ZF、AF、PF、CF 的状态。

```
NV UP DI PL NZ NA PO NC
```

不修改按 Enter 键。要修改需个别输入一个或多个此标志的相反值，再按 Enter 键。R

命令只能显示、修改 16 位寄存器。

4. 显示存储单元命令 D

格式 1：D[起始地址]

格式 2：D[起始地址][结束地址|字节数]

功能：

格式 1 从起始地址开始按十六进制显示 80H 个单元的内容，每行 16 个单元，共 8 行，每行右边显示 16 个单元的 ASCII 码，不可显示的 ASCII 码则显示"·"。

格式 2 显示指定范围内存储单元的内容，其他显示方式与格式 1 一样。如果缺省起始地址或地址范围，则从当前的地址开始按格式 1 显示。

例如：

```
-D 200            ;表示从 DS:0200H 开始显示 128 个单元内容
-D 100 120        ;表示显示 DS:0100～DS:0120 单元的内容
```

说明：在 DEBUG 中，地址表示方式有如下形式。

"段寄存器名：相对地址"，如 S：100。

"段基值：偏移地址(相对地址)"，如 23A0：1500。

5. 修改存储单元命令 E

格式 1：E[起始地址][内容表]

格式 2：E[地址]

功能：

格式 1 按内容表的内容修改从起始地址开始的多个存储单元内容，即用内容表指定的内容来代替存储单元当前内容。

例如："－E DS：0100 'VAR' 12 34"表示从 DS：0100 为起始单元的连续 5 个字节单元内容依次被修改为'V'、'A'、'R'、12H、34H。

格式 2 是逐个修改指定地址单元的当前内容。

例如：

```
-E DS: 0010
156F: 0010 41.5F
```

其中，156F：0010 单元原来的值是 41H，而 5FH 是输入的修改值。若只修改一个单元的内容，这时按 Enter 键即可；若还想继续修改下一个单元内容，此时应按空格键，就显示下一个单元的内容，需修改就输入新的内容，不修改再按空格跳过。如此重复直到修改完毕，按 Enter 键返回 DEBUG"－"提示符。如果在修改过程中，将空格键换成按"－"键，则表示可以修改前一个单元的内容。

6. 运行命令 G

格式：G[=起始地址][第一断点地址[第二断点地址…]]

功能：CPU 从指定起始地址开始执行，依次在第一、第二等断点处中断。若缺省起始地址，则从当前 CS:IP 指示地址开始执行一条指令。最多可设置 10 个断点。

7. 跟踪命令 T

格式：T[起始地址][正整数]

功能：从指定地址开始执行"正整数"条指令，若缺省"正整数"，表示执行一条指令，若两项都缺省，表示从当前 CS:IP 指示地址开始执行一条指令。

8. 指定文件命令 N

格式：N<文件名或扩展名>

功能：指定即将调入内存或从内存写入磁盘的文件名。该命令应该用在 L 命令和 W 命令之前。

9. 装入命令 L

格式 1：L[起始地址][盘符号][扇区号][扇区数]

格式 2：L[起始地址]

功能：

格式 1 根据盘符号，将指定扇区的内容装入到指定起始地址的存储区中。

格式 2 将 N 命令指出的文件装入到指定起始地址的存储区中，若省略起始地址，则装入到 CS:100 处或按原来文件定位约定装入到相应位置。

10. 写磁盘命令 W

格式 1：W<起始地址>[驱动器号]<起始扇区><扇区数>

格式 2：W[起始地址]

功能：

格式 1 把指定地址开始的内容数据写到磁盘上指定的扇区中。

格式 2 将起始地址的 BX×10000H＋CX 字节内容存放到由 N 命令指定的文件中。在格式 2 的 W 命令之前，除用 N 命令指定存盘的文件名外，还必须将要写的字节数用 R 命令送入 BX 和 CX 中。

11. 退出命令 Q

格式：Q

功能：退出 DEBUG，返回到操作系统。

以上介绍的是 DEBUG 常用命令，其他命令请参考有关书籍。

80x86汇编指令

1. 数据传输指令

它们在存储器和寄存器、寄存器和输入输出端口之间传送数据。

1）通用数据传送指令

MOV：传送字或字节。

MOVSX：先符号扩展，再传送。

MOVZX：先零扩展，再传送。

PUSH：把字压入堆栈。

POP：把字弹出堆栈。

PUSHA：把 AX、CX、DX、BX、SP、BP、SI、DI 依次压入堆栈。

POPA：把 DI、SI、BP、SP、BX、DX、CX、AX 依次弹出堆栈。

PUSHAD：把 EAX、ECX、EDX、EBX、ESP、EBP、ESI、EDI 依次压入堆栈。

POPAD：把 EDI、ESI、EBP、ESP、EBX、EDX、ECX、EAX 依次弹出堆栈。

BSWAP：交换 32 位寄存器里字节的顺序。

XCHG：交换字或字节（至少有一个操作数为寄存器，段寄存器不可作为操作数）。

CMPXCHG：比较并交换操作数（第二个操作数必须为累加器 AL/AX/EAX）。

XADD：先交换再累加（结果在第一个操作数里）。

XLAT：字节查表转换。

BX 指向一张 256 字节的表的起点，AL 为表的索引值（0～255，即 0～FFH）；返回 AL 为查表结果（[BX+AL]→AL）。

2）输入输出端口传送指令

IN：I/O 端口输入（语法：IN 累加器，{端口号 | DX}）。

OUT：I/O 端口输出（语法：OUT {端口号 | DX}，累加器）。

输入输出端口由立即方式指定时，其范围是 0～255；由寄存器 DX 指定时，其范围是 0～65 535。

3）目的地址传送指令

LEA：装入有效地址。

例如：

```
LEA DX,string        ;把偏移地址存到 DX
```

LDS：传送目标指针，把指针内容装入 DS
例如：

```
LDS SI,string        ;把“段地址:偏移地址”存到 DS:SI
```

LES：传送目标指针，把指针内容装入 ES。
例如：

```
LES DI,string        ;把“段地址:偏移地址”存到 ES:DI
```

LFS：传送目标指针，把指针内容装入 FS。
例如：

```
LFS DI,string        ;把“段地址:偏移地址”存到 FS:DI
```

LGS：传送目标指针，把指针内容装入 GS。
例如：

```
LGS DI,string        ;把“段地址:偏移地址”存到 GS:DI
```

LSS：传送目标指针，把指针内容装入 SS。
例如：

```
LSS DI,string        ;把“段地址:偏移地址”存到 SS:DI
```

4）标志传送指令

LAHF：标志寄存器传送，把标志装入 AH。
SAHF：标志寄存器传送，把 AH 内容装入标志寄存器。
PUSHF：标志入栈。
POPF：标志出栈。
PUSHD：32 位标志入栈。
POPD：32 位标志出栈。

2. 算术运算指令

ADD：加法。
ADC：带进位加法。
INC：加 1。
AAA：加法的 ASCII 码调整。
DAA：加法的十进制调整。
SUB：减法。
SBB：带借位减法。
DEC：减 1。
NEC：求反(以 0 减之)。
CMP：比较(两操作数作减法，仅修改标志位，不回送结果)。
AAS：减法的 ASCII 码调整。
DAS：减法的十进制调整。

MUL：无符号乘法。

IMUL：整数乘法。

以上两条，结果回送 AH 和 AL(字节运算)，或 DX 和 AX(字运算)。

AAM：乘法的 ASCII 码调整。

DIV：无符号除法。

IDIV：整数除法。

以上两条，结果回送：商回送 AL，余数回送 AH，(字节运算)；商回送 AX，余数回送 DX，(字运算)。

AAD：除法的 ASCII 码调整。

CBW：字节转换为字(把 AL 中字节的符号扩展到 AH 中)。

CWD：字转换为双字(把 AX 中的字的符号扩展到 DX 中)。

CWDE：字转换为双字(把 AX 中的字符号扩展到 EAX 中)。

CDQ：双字扩展(把 EAX 中的字的符号扩展到 EDX 中)。

3. 逻辑运算指令

AND：与运算。

OR：或运算。

XOR：异或运算。

NOT：取反。

TEST：测试(两操作数作与运算，仅修改标志位，不回送结果)。

SHL：逻辑左移。

SAL：算术左移(=SHL)。

SHR：逻辑右移。

SAR：算术右移(=SHR)。

ROL：循环左移。

ROR：循环右移。

RCL：通过进位的循环左移。

RCR：通过进位的循环右移。

以上 8 种移位指令，其移位次数可达 255 次。移位一次时，可直接用操作码，如 SHL AX,1；移位>1 次时，则由寄存器 CL 给出移位次数。

例如：

```
MOV CL,04
SHL AX,CL
```

4. 串指令

“DS:SI”：“源串段寄存器:源串变址”。

“ES:DI”：“目标串段寄存器:目标串变址”。

CX：重复次数计数器。

AL/AX：扫描值。

D标志：0表示重复操作中SI和DI应自动增量；1表示应自动减量。

Z标志：用来控制扫描或比较操作的结束。

MOVS：串传送(MOVSB表示传送字符，MOVSW表示传送字，MOVSD表示传送双字)。

CMPS：串比较(CMPSB表示比较字符，CMPSW表示比较字)。

SCAS：串扫描。把AL或AX的内容与目标串作比较，比较结果反映在标志位。

LODS：装入串。把源串中的元素(字或字节)逐一装入AL或AX中(LODSB表示传送字符，LODSW表示传送字，LODSD表示传送双字)。

STOS：保存串。是LODS的逆过程。

REP：当CX/ECX<>0时重复。

REPE/REPZ：当ZF=1或比较结果相等，且CX/ECX 0时重复。

REPNE/REPNZ：当ZF=0或比较结果不相等，且CX/ECX 0时重复。

REPC：当CF=1且CX/ECX<>0时重复。

REPNC：当CF=0且CX/ECX<>0时重复。

5. 程序转移指令

1) 无条件转移指令(长转移)。

JMP：无条件转移指令。

CALL：过程调用。

RET/RETF：过程返回。

2) 条件转移指令(短转移，−128～+127的距离内)

当且仅当(SF XOR OF)=1时，OP1<OP2。

JA/JNBE：不小于或不等于时转移。

JAE/JNB：大于或等于转移。

JB/JNAE：小于转移。

JBE/JNA：小于或等于转移。

以上4条，测试无符号整数运算的结果(标志C和Z)。

JG/JNLE：大于转移。

JGE/JNL：大于或等于转移。

JL/JNGE：小于转移。

JLE/JNG：小于或等于转移。

以上4条，测试带符号整数运算的结果(标志S、O和Z)。

JE/JZ：等于转移。

JNE/JNZ：不等于时转移。

JC：有进位时转移。

JNC：无进位时转移。

JNO：不溢出时转移。

JNP/JPO：奇偶性为奇数时转移。

JNS：符号位为0时转移。

JO：溢出转移。

JP/JPE：奇偶性为偶数时转移。

JS：符号位为 1 时转移。

3）循环控制指令(短转移)

LOOP：CX 不为 0 时循环。

LOOPE/LOOPZ：CX 不为 0 且标志 Z=1 时循环。

LOOPNE/LOOPNZ：CX 不为 0 且标志 Z=0 时循环。

JCXZ：X 为 0 时转移。

JECXZ：ECX 为 0 时转移。

4）中断指令

INT：中断指令。

INTO：溢出中断。

IRET：中断返回。

5）处理器控制指令

HLT：处理器暂停，直到出现中断或复位信号才继续。

WAIT：当芯片引线 TEST 为高电平时使 CPU 进入等待状态。

ESC：转换到外处理器。

LOCK：封锁总线。

NOP：空操作。

STC：置进位标志位。

CLC：清进位标志位。

CMC：进位标志取反。

STD：置方向标志位。

CLD：清方向标志位。

STI：置中断允许位。

CLI：清中断允许位。

6. 伪指令

DB：定义字节。

DW：定义字(2 字节)。

PROC：定义过程。

ENDP：过程结束。

SEGMENT：定义段。

ASSUME：建立段寄存器寻址。

ENDS：段结束。

END：程序结束。

附录D DOS系统功能调用(INT 21H)

AH值	功　　能	调用参数	返回参数
0	程序终止(同INT 20H)	CS=程序段前缀	
1	键盘输入并回显		AL=输入字符
2	显示输出	DL=输出字符	
3	异步通信输入		AL=输入数据
4	异步通倍输出	DL=输出数据	
5	打印机输出	DL=输出字符	
6	直接控制台I/O	DL=FF(输入)	AL=输入字符
		DL=字符(输出)	
7	键盘输入(无回显)		AL=输入字符
8	键盘输入(无回显)		AL=输入字符
	检测Ctrl-Break		
9	显示字符串	DS:DX=串地址	
		'$'结束字符串	
0A	键盘输入到缓冲区	DS:DX=缓冲区首地址	(DS:DX+1)=实际输入的字符数
		(DS:DX)=缓冲区最大字符数	
0B	检验键盘状态		AL=00有输入
			AL=FF无输入
0C	清除输入缓冲区	AL=输入功能号	
	请求指定的输入功能	(1,6,7,8,A)	
0D	磁盘复位		清除文件缓冲区
0E	指定当前默认的磁盘驱动器	DL=驱动器号 0=A,1=B,…	AL=驱动器数
0F	打开文件	DS:DX=FCB首地址	AL=00文件找到
			AL=FF文件未找到
10	关闭文件	DS:DX=FCB首地址	AL=00目录修改成功
			AL=FF目录中未找到文件
11	查找第一个目录项	DS:DX=FCB首地址	AL=00找到
			AL=FF未找到
12	查找下一个目录项	DS:DX=FCB首地址	AL=00找到
		(文件中带有*或?)	AL=FF未找到

续表

AH值	功　能	调用参数	返回参数
13	删除文件	DS:DX=FCB首地址	AL=00 删除成功
			AL=FF 未找到
14	顺序读	DS:DX=FCB首地址	AL=00 读成功
			=01 文件结束,记录中无数据
			=02 DTA空间不够
			=03 文件结束,记录不完整
15	顺序写	DS:DX=FCB首地址	AL=00 写成功
			=01 盘满
			=02 DTA空间不够
16	建文件	DS:DX=FCB首地址	AL=00 建立成功
			=FF 无磁盘空间
17	文件改名	DS:DX=FCB首地址	AL=00 成功
		(DS:DX+1)=旧文件名	AL=FF 未成功
		(DS:DX+17)=新文件名	
19	取当前默认磁盘驱动器		AL=默认的驱动器号 0=A,1=B,2=C,…
1A	置DTA地址	DS:DX=DTA地址	
1B	取默认驱动器FAT信息		AL=每簇的扇区数
			DS:BX=FAT标识字节
			CX=物理扇区大小
			DX=默认驱动器的簇数
1C	取任一驱动器FAT信息	DL=驱动器号	同上
21	随机读	DS:DX=FCB首地址	AL=00 读成功
			=01 文件结束
			=02 缓冲区溢出
			=03 缓冲区不满
22	随机写	DS:DX=FCB首地址	AL=00 写成功
			=01 盘满
			=02 缓冲区溢出
23	测定文件大小	DS:DX=FCB首地址	AL=00 成功(文件长度填入FCB)
			AL=FF 未找到
24	设置随机记录号	DS:DX=FCB首地址	
25	设置中断向量	DS:DX=中断向量	
		AL=中断类型号	
26	建立程序段前缀	DX=新的程序段前缀	
27	随机分块读	DS:DX=FCB首地址	AL=00 读成功
		CX=记录数	=01 文件结束
			=02 缓冲区太小,传输结束
			=03 缓冲区不满

续表

AH值	功　能	调用参数	返回参数
28	随机分块写	DS:DX=FCB首地址	AL=00 写成功
		CX=记录数	=01 盘满
			=02 缓冲区溢出
29	分析文件名	ES:DI=FCB首地址	AL=00 标准文件
		DS:SI=ASCIIZ串	=01 多义文件
		AL=控制分析标志	=02 非法盘符
2A	取日期		CX=年
			DH:DL=月:日(二进制)
2B	设置日期	CX:DH:DL=年:月:日	AL=00 成功
			=FF 无效
2C	取时间		CH:CL=时:分
			DH:DL=秒:1/100秒
2D	设置时间	CH:CL=时:分	AL=00 成功
		DH:DL=秒:1/100秒	=FF 无效
2E	置磁盘自动读写标志	AL=00 关闭标志	
		AL=01 打开标志	
2F	取磁盘缓冲区的首址		ES:BX=缓冲区首址
30	取DOS版本号		AH=发行号,AL=版本
31	结束并驻留	AL=返回码	
		DX=驻留区大小	
33	Ctrl-Break检测	AL=00 取状态	DL=00 关闭Ctrl-Break检测
		=01 置状态(DL)	=01 打开Ctrl-Break检测
		DL=00 关闭检测	
		=01 打开检测	
35	取中断向量	AL=中断类型	ES:BX=中断向量
36	取空闲磁盘空间	DL=驱动器号	成功:AX=每簇扇区数
		0=默认,1=A,2=B,…	BX=有效簇数
			CX=每扇区字节数
			DX=总簇数
			失败:AX=FFFF
38	置/取国家信息	DS:DX=信息区首地址	BX=国家码(国际电话前缀码)
			AX=错误码
39	建立子目录(MKDIR)	DS:DX=ASCIIZ串地址	AX=错误码
3A	删除子目录(RMDIR)	DS:DX=ASCIIZ串地址	AX=错误码
3B	改变当前目录(CHDIR)	DS:DX=ASCIIZ串地址	AX=错误码
3C	建立文件	DS:DX=ASCIIZ串地址	成功:AX=文件代号
		CX=文件属性	错误:AX=错误码
3D	打开文件	DS:DX=ASCIIZ串地址	成功:AX=文件代号
		AL=0 读	错误:AX=错误码
		=1 写	
		=3 读/写	
3E	关闭文件	BX=文件代号	失败:AX=错误码

续表

AH值	功　　能	调 用 参 数	返 回 参 数
3F	读文件或设备	DS:DX=数据缓冲区地址	读成功
		BX=文件代号	AX=实际读入的字节数
		CX=读取的字节数	AX=0 已到文件尾
			读出错:AX=错误码
40	写文件或设备	DS:DX=数据缓冲区地址	写成功
		BX=文件代号	AX=实际写入的字节数
		CX=写入的字节数	写出错:AX=错误码
41	删除文件	DS:DX=ASCIIZ 串地址	成功:AX=00
			出错:AX=错误码(2,5)
42	移动文件指针	BX=文件代号	成功:DX:AX=新文件指针位置
		CX:DX=位移量	出错:AX=错误码
		AL=移动方式(0:从文件头绝对位移;1:从当前位置相对移动;2:从文件尾绝对位移)	
43	置/取文件属性	DS:DX=ASCIIZ 串地址	成功:CX=文件属性
		AL=0 取文件属性	失败:CX=错误码
		AL=1 置文件属性	
		CX=文件属性	
44	设备文件 I/O 控制	BX=文件代号	DX=设备信息
		AL=0 取状态	
		=1 置状态 DX	
		=2 读数据	
		=3 写数据	
		=6 取输入状态	
		=7 取输出状态	
45	复制文件代号	BX=文件代号 1	成功:AX=文件代号 2
			失败:AX=错误码
46	人工复制文件代号	BX=文件代号 1	失败:AX=错误码
		CX=文件代号 2	
47	取当前目录路径名	DL=驱动器号	(DS:SI)=ASCIIZ 串
		DS:SI=ASCIIZ 串地址	失败:AX=出错码
48	分配内存空间	BX=申请内存容量	成功:AX=分配内存首地址
			失败:BX=最大可用内存
49	释放内容空间	ES=内存起始段地址	失败:AX=错误码
4A	调整已分配的存储块	ES=原内存起始地址	失败:BX=最大可用空间
		BX=再申请的容量	AX=错误码
4B	装配/执行程序	DS:DX=ASCIIZ 串地址	失败:AX=错误码
		ES:BX=参数区首地址	
		AL=0 装入执行	
		AL=3 装入不执行	
4C	带返回码结束	AL=返回码	

续表

AH值	功　　能	调用参数	返回参数
4D	取返回代码		AX=返回代码
4E	查找第一个匹配文件	DS:DX=ASCIIZ串地址 CX=属性	AX=出错代码(02,18)
4F	查找下一个匹配文件	DS:DX=ASCIIZ串地址 (文件名中带有?或*)	AX=出错代码(18)
54	取盘自动读写标志		AL=当前标志值
56	文件改名	DS:DX=ASCIIZ串(旧) ES:DI=ASCIIZ串(新)	AX=出错码(03,05,17)
57	置/取文件日期和时间	BX=文件代号 AL=0 读取 AL=1 设置(DX:CX)	DX:CX=日期和时间 失败:AX=错误码
58	取/置分配策略码	AL=0 取码 AL=1 置码(BX)	成功:AX=策略码 失败:AX=错误码
59	取扩充错误码		AX=扩充错误码 BH=错误类型 BL=建议的操作 CH=错误场所
5A	建立临时文件	CX=文件属性 DS:DX=ASCIIZ串地址	成功:AX=文件代号 失败:AX=错误码
5B	建立新文件	CX=文件属性 DS:DX=ASCIIZ串地址	成功:AX=文件代号 失败:AX=错误码
5C	控制文件存取	AL=00 封锁 =01 开启 BX=文件代号 CX:DX=文件位移 SI:DI=文件长度	失败:AX=错误码
62	取程序段前缀		BX=PSP地址

参 考 文 献

[1] 求伯君.新编深入DOS编程.北京：学苑出版社，1994.

[2] 沈美明，温冬婵. IBM-PC汇编语言程序设计(第2版).北京：清华大学出版社，2001.

[3] 罗云彬. Windows环境下32位汇编语言程序设计.北京：电子工业出版社，2006.

[4] Kip R. Intel汇编语言程序设计.北京：清华大学出版社，2005.

[5] 王爽.汇编语言.北京：清华大学出版社，2003.

[6] 周明德. 64位微处理器系统编程与应用编程.北京：清华大学出版社，2009.

[7] Barry B. Brey. 8086/8088，80286，80386 AND 80486 Assembly Language Programming. Macmillan Publishing Compang USA. 1994

[8] Intel公司. Intel® 64 and IA-32 Architectures Software Developer's Manual. Volume 1，Basic Architecture.

[9] AMD公司. AMD64 Technology AMD64 Architecture Programmer's Manual. Volume 1：Application Programming.

[10] David C Willen，Jeffery I Krantz. 8088 Assembler Language Programming：The IBM PC. Howard W. Sams & Co.，Inc. 1985.

[11] Donna N Tabler. IBM PC Assembly Language. John Wiley & Sons，Inc. 1985.

图书资源支持

感谢您一直以来对清华版图书的支持和爱护。为了配合本书的使用，本书提供配套的资源，有需求的读者请扫描下方的"书圈"微信公众号二维码，在图书专区下载，也可以拨打电话或发送电子邮件咨询。

如果您在使用本书的过程中遇到了什么问题，或者有相关图书出版计划，也请您发邮件告诉我们，以便我们更好地为您服务。

我们的联系方式：

地　　址：北京市海淀区双清路学研大厦 A 座 714

邮　　编：100084

电　　话：010-83470236　010-83470237

客服邮箱：2301891038@qq.com

QQ：2301891038（请写明您的单位和姓名）

资源下载：关注公众号"书圈"下载配套资源。

资源下载、样书申请

书圈

获取最新书目

观看课程直播